试验统计电子表格

操作实训指导

唐映红　万海清◎主编

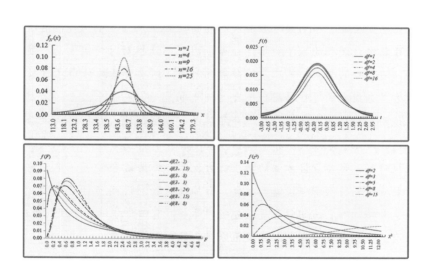

中国农业出版社

北　京

■ 内容简介

《试验统计电子表格操作实训指导》作为生物统计学课程的实训课指导教材，凝聚了项目驱动模式应用于生物统计与试验设计理论课、实训课教学十多年以来的一线教学经验。在本科课堂上机实训由电算器时代跨进个人电脑时代后，生物统计课程从试用 DPS 和 SPSS 软件重新调整到全程使用 Excel 或 WPS 电子表格作为实训课教学平台，并在逐年完善过程中力推生物统计学课程的教学回归基础，强化线上线下混合教学的定位。

本书共三章，前两章采用大案例贯通模式。第一章的大案例结合小概率原理，先增加一系列基于四大抽样分布的抽样试验和抽样误差分析环节，再进行基于理论分布的两尾检验和一尾检验，共设置 6 个项目，消除了本科阶段生物统计课程的教学将抽样分布应用到统计推断时门槛太高、演练常规例题回避原理的弊端。第二章结合常规例题，把单变量统计中九种数据模式完成方差分析表的过程再用一个大案例串联贯通，包括单因素和两因素完全随机试验、随机区组试验、系统分组试验、裂区试验、重复观测试验与条区试验、正交试验等经典试验的数据分析，提升本科生整理和分析试验数据时过程操作联系试验设计方法的动手能力。第三章为综合案例，单变量统计有百分数资料和次数资料检验的整合，有抽样试验到区间估计的延伸；双变量或多变量统计有直线回归与方差分析的结合，有回归分析从直线到曲线的拓展，还有直线相关和多变量相互关系分析的综合。

本书编排的 19 个实训项目是借助电子表格平台经过多年打造而成，适合两节课标准时长予以安排。若能使用 WPS 或 Excel 电子表格循序渐进地完成大部分上机项目训练，再结合 Excel 加载的数据分析软件，能够完美解决新文科、新理科招生以来，本科生源数学基础参差不齐，使用国内主流的生物统计学教材教学效果很难兼顾等问题，且完成基本统计分析过程将不再受任何软件类型的限制。本书适用于农学、园艺、生物科学、动物科学、食品科学与工程、水产科学、环境科学、林学等农业和生物大类的本科专业。

编 写 人 员

主编　唐映红（湖南文理学院）

　　　　万海清（湖南应用技术学院）

参编　王　云（湖南文理学院）

　　　　罗永兰（湖南应用技术学院）

　　　　黄海洪（湖南文理学院）

　　　　何　昊（湖南文理学院）

　　　　王芙蓉（湖南文理学院）

　　　　栾明宝（中国农业科学院麻类研究所）

　　　　彭　媛（湖南应用技术学院）

　　　　张　雕（湖南应用技术学院）

前 言
FOREWORD

大学本科阶段本应开设生物统计学课程的相关专业，因种种原因未开设时，科技写作牵涉的统计方法就直接使用专门的应用软件进行研究法之类的课程教学。多年来在 Excel 电子表格环境中加载数据分析软件后，使用随机数发生器进行抽样试验和抽样误差分析，对生物统计学课程基础理论的教学相对于其他应用软件的优势，相对而言重视得还不够。正如约 20 年前 Excel 电子表格全面普及一样，WPS 电子表格当前也在各领域得到越来越广泛的应用。这两种主流的电子表格用作生物统计学课程教学平台虽然都有着其他应用软件无法替代的优势，但其编算式、插入函数、权柄复制、块操作等加快数据分析过程的技巧，却并没有被具有计算机基础的本科生系统掌握。所以，编写一本适合本科阶段利用电子表格平台进行生物统计学课程数据分析操作过程教学的上机实训教材已是大势所趋。

本书 19 个上机实训项目分属三章，前两章采用各自的大案例主导分项目编排模式。第一章为基础部分，收集了一个含 509 个观测值的育种材料的总体资料，作为第一个大案例。在课程开头基础部分三大统计分布内容的教学过程中，将理论分布与基于电子表格的操作方法融会贯通，循序渐进地安排 6 个集中上机实训项目。有复置抽样模型，有四大抽样分布曲线系统图，有一尾检验、两尾检验以及右尾检验真相。通过全方位的教学互动，破解理工类本科生物统计学基础部分的教学由描述性统计转入推断统计时门槛过高的"魔咒"，即将高门槛打造成三级台阶：概率算法由间断性变量的二项分布升级到连续性变量的正态分布为第一台阶；正态分布由 $n=1$ 的描述性分布跨越到 $n \geqslant 2$ 的抽样分布为第二台阶；抽样分布实现由总体参数已知的正态分布拓展到总体参数未知的 t 分布是第三台阶；将仅仅依赖或模仿理论课教材常规例题进行的案例式教学提升到一个前所未有的新高度。具体做法就是使用 Excel 数据分析软件中的随机数发生器进行微型化的 Monte-Carlo 抽样研究。先将正态分布的教学重点由描述性分布升级到抽样分布，然后跨越抽样分布的大样本模拟阶段，结合小概率原理贯通四大抽样分布，完成一系列抽样试验和抽样误差分析。解决非统计专业本科生抽样分布理论教学缺乏实训操作的难题，强化生物统计学课程的基础理论教学。该部分有电脑和无电脑的步骤编排特色不同，以及用第一大案例进行抽样试验和抽样误差分析时，前 6 个实训项目自成体系，每个操作学员正确答案都不一样，教学互动的活跃度空前提升，提交纸质实验报告的区分度更大，厘清了本科生物统计学课程的教学过程使用应用统计软件和使用电子表格教学平台的逻辑悖论，再也不纠结基本统计方法的教学依赖应用统计软件还是首选电子表格的问题。

第二章为通识部分，有 8 个或集中或分散进行的上机实训项目。在安排了单因素完全随机、随机区组、拉丁方与交叉试验数据模式的方差分析实训项目后，使用一个两因素完全随机试验采集的试验数据，作为第二个大案例。先按照单因素完全随机和随机区组试验数据模式完成方差分析表，然后分别按照两因素完全随机试验、两因素随机区组试验、三因素正交试验、两因素系统分组试验、两因素裂区试验、两因素重复观测试验和两因素条区试验共七种经典试验数据模式演练方差分析表的完成过程。各种试验数据模式还提供或者沿用主流教材的案例进行分析比较，彰显经典试验设计类型采集的试验数据分析试验因素主效应和互作效应的优势。借助 Excel 或者 WPS 电子表格平台的操作方法和步骤，遵循电脑软件编程的逻辑。通过整理组内矫正数的格式完成方差分析表，让学生体会复因素试验数据模式与单因素试验数据模式之间，以及常见试验设计类型的数据模式之间的联系和区别。在提升本科生进行试验设计和数据分析的动手操作能力的同时，强化试验研究和基本统计方法结合试验设计的通识教学。该部分内容不回避操作原理，力求通过大案例把涉及抽样分布、线性模型、正交表与正交组合等理论问题的内容编排得通俗易懂，由此可能出现文字表述和理论课教材相比显得不专业的地方，需要在今后的使用过程中找到更好的解决方法。这个部分组织学生利用雨课堂等平台进行线上答题，可以调动学生使用自有电脑解决机房集中实训课时不足的问题。

　　第三章为综合案例教学部分。该部分是前面基础案例内容和通识案例内容的结合：如实训 15 就是百分数资料的正态离差检验和次数资料的卡方检验的综合；有的是基础部分大案例抽样试验容许范围占比分析的拓展，如实训 16 进行参数的区间估计；有的是直线回归和方差分析的综合，如实训 17 进行的协方差分析；有的是回归方程配置及回归关系的显著性检验的综合，如实训 18 进行的多项式回归分析；还有的是直线相关与多变量相互关系分析的综合，如实训 19 进行的通径分析，为本科高年级或者研究生阶段进一步学习多元统计分析创造必备的条件。由于历史原因，借助电子表格截图显示实训项目操作过程时，大量使用 Excel 软件操作环境，如果改为 WPS 电子表格，除了加载数据分析工具库的功能外，绝大部分的实训项目操作方法基本不会受影响。

　　本书作为生物统计学（试验统计学）课程的实训指导教材，凝聚了生物统计学课程的教学进入个人电脑时代 20 多年以来的本科一线教学经验。在生物统计学实训课教学由使用电子计算器时代迈进个人电脑时代 10 多年后，又从试用 DPS 和 SPSS 进行生物统计课程的实训课教学重新回归到全程使用 Excel 或 WPS 的电子表格作为实训课教学平台，再围绕该项目体系组织理论课教学内容。项目内容经过电子表格操作平台多年的试用，持续打磨出适合两节课标准时长的一系列上机操作项目体系，并在 2020 年以来的线上线下混合教学模式中迅速得到完善。借助电子表格平台的操作技巧由简到繁依次是：编辑或拖拽算式进行数据整理→插入数学或统计类函数计算统计量→编算式或插入函数编程实现显著性检验→四则混合运算的块操作完成卡方检验→插入函数的块操作完成方差分析中的数据转换并整理组内矫正数→矩阵运算的块操作完成多项式回归方程的配置以及通径系数的计算。若能循序渐进地进行这些上机训练，再结合使用 Excel 加载的数据分析软件，完成基本统计方法的分析过程将不再受任何应用软件类型的限制。

本书倡导使用电子表格完成本科阶段基本统计方法，是对当前国内主流的生物统计学教材不结合电子表格操作平台的补充，不特别针对哪一本特定的生物统计学教材，完全是基于高考实行新文科、新理科招生以来扩招的本科生源突出基本统计方法过程教学的需要，尤其典型案例借助电子表格完成差异是否显著的英文小写字母标注的内容，联系 SPSS 软件直接输出多重比较结果的格式进行验证，则是便于后续科技文献检索与写作环节的需要，有助于本科阶段之后从事科研工作时能够正确地使用其他专门的应用软件，提高数据分析效率。第一章除实训 1 外，从实训 2 到实训 6，都有基于已知总体大案例进行抽样试验和抽样误差分析的内容，所以为必做的集中上机实训项目，各专业因为学时不足课内做不了的个别项目，也要安排学生课外自主完成；第二章根据专业不同可以只选做一部分项目，如实训 7 或者实训 8 设为课内必做项目。其他项目宜突出实训 10 的大案例，课内课外并举，力争完成 3 个以上；第三章实训 15 应设为必做项目，其余 4 个项目可以根据专业需要和学时情况酌定。

本书的出版策划和编撰工作得到湖南文理学院、湖南省高等学校"双一流"应用特色学科（湖南应用技术学院林学学科）、湖南省普通高校一流专业"农学"建设平台和湖南省"十四五"应用特色学科"生物学"的大力支持，并由湖南文理学院一流应用型特色教材建设项目、农产品加工与食品安全湖南省高校重点实验室提供部分经费资助，在此一并致谢。

由于水平有限，本书从形式到内容都还会存在缺点和不足之处，恳请广大师生和读者不吝珠玉，随之指正，以便日后修改。

编　者

2024 年 1 月 15 日

目 录
CONTENTS

前言

第 一 章

基础案例教学部分

实训 1　小概率原理与抽样模型

一、实训内容

通过电子表格作图显示二项分布的散点图和正态分布的折线图，熟悉两类随机变量的概率分布特点，实现概率计算由间断性随机变量的概率函数到连续性随机变量的累积函数的算法升级，进而按复置抽样模型探究得到的平方根定律拓展正态分布并制作抽样分布图。

二、二项分布的概率函数与散点图

[例 1-1] 用基因型纯合的糯和非糯玉米杂交，按遗传规律，预期 F_1 植株上糯性花粉粒的概率 $P_0=0.5$。现于一显微镜视野中检视 20 粒花粉，发现糯性花粉 8 粒，怎样评价此次镜检结果（盖钧镒，2022）?

按 F_1 代配子 1∶1 的分离规律，糯性和非糯性花粉粒各占 50%，镜检结果发现糯性花粉似乎应该有 10 粒才对，本次镜检结果只发现 8 粒，与理论比例有差异，所以，需要对这种差异进行评判。

在观察 20 粒花粉时，其中的糯性花粉粒数为间断性随机变量（当这种试验只有几个确定的结果，并可一一列出，变量 x 的取值可用实数表示，且 x 取某一值时，其概率是确定的，这种类型的变量称为间断性随机变量）。如果花粉粒仍符合 1∶1 的配子分离比，则任一糯性花粉粒数出现的概率可根据二项分布规律，按 $(0.5+0.5)^{20}$ 展开计算（图 1-1）。A 列列举了总共 21 种可能的糯性花粉粒数的镜检结果，B 列是使用 Excel 函数 "BINOMDIST" 算得的 21 个展开项的概率值。

【Excel 中生成二项分布散点图的操作步骤】

（1）从【开始】按钮选择 "程序" 菜单经 Microsoft office 或桌面快捷方式进入 Excel 空白工作表，在空单元格 A2 和 A3 分别录入 "0" 和 "1"，全选 A2∶A3 后鼠标移至 A3 右下角往下拖拽至 A22，得到如图 1-1 中 A 列所示的 21 种可能的糯性花粉粒数。

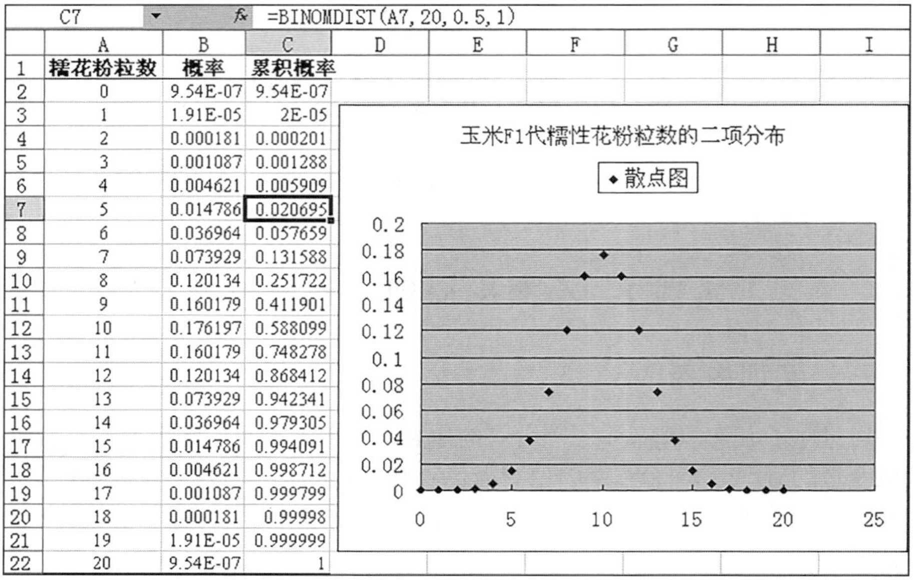

C7 =BINOMDIST(A7,20,0.5,1)

	A	B	C
1	糯花粉粒数	概率	累积概率
2	0	9.54E-07	9.54E-07
3	1	1.91E-05	2E-05
4	2	0.000181	0.000201
5	3	0.001087	0.001288
6	4	0.004621	0.005909
7	5	0.014786	0.020695
8	6	0.036964	0.057659
9	7	0.073929	0.131588
10	8	0.120134	0.251722
11	9	0.160179	0.411901
12	10	0.176197	0.588099
13	11	0.160179	0.748278
14	12	0.120134	0.868412
15	13	0.073929	0.942341
16	14	0.036964	0.979305
17	15	0.014786	0.994091
18	16	0.004621	0.998712
19	17	0.001087	0.999799
20	18	0.000181	0.99998
21	19	1.91E-05	0.999999
22	20	9.54E-07	1

图 1－1　玉米 F_1 代出现糯性花粉粒数的概率及其分布

（2）选定空单元格 B2，调出函数“BINOMDIST”，对话框 4 行依次输入试验成功的次数“A2”、试验的次数“20”、成功的概率“0.5”、返回累积分布函数“0”后确定，得出第 1 个二项分布展开项的概率值“9.54×10^{-7}”。

（3）选定 B2，鼠标移至右下角后往下拖拽至 B22，得出其他 20 个二项分布展开项的概率值。步骤（2）中，如果选定 C2，对话框 4 行依次输入“A2”“20”“0.5”“1”，确定后往下拖拽至 C22，得到的就是图 1－1 中 C 列的 22 个按二项分布算出的累积概率值。

（4）全选 B 列，进入图表向导，图表类型对话框中选“散点图”后，子图表类型选第一个图框，单击“完成”生成二项分布的散点图。

注：从【开始】按钮选择“程序”菜单经 WPS Office 进入表格，或桌面快捷方式进入 WPS Office 表格，WPS Office 表格中使用函数“BINOM.DIST”计算概率值，其他步骤与 Excel 电子表格相同。

由于散点分布对称，结合图 1－1 中 C7 单元格的累积概率值“0.020695”不难判断，20 粒花粉的镜检结果在配子分离比例正常的情况下，出现糯性花粉粒数为 6～14 粒的概率在 95%以上。也就是说，镜检结果不超过 5 粒以及不少于 15 粒的概率累加起来不到 5%，本次镜检结果发现 8 粒呈糯性，根据通行的 0.05 的小概率标准，与理论比例之间的差异不属于小概率事件，因此，还不能据此推断玉米 F_1 代配子分离比出现异常。

换句话说，只有当检视 20 粒花粉的镜检结果出现糯性花粉粒数不超过 5 粒或者不少于 15 粒的情况时，才能根据"小概率事件在当次观察结果中实际不可能发生"的原理推断玉米 F_1 代配子分离比出现异常，这就是小概率原理。

三、正态分布的累积函数与折线图

符合正态分布的连续性随机变量（某试验的结果变量 x 的取值仅为一范围，且 x 在该范围内取值时，其概率是确定的，此时取 x 为一固定值是没有意义的，因为在连续尺度上一点的概率几乎为 0，这种类型的变量称为连续性随机变量）很普遍，只要知道其总体平均数 μ 和总体标准差 σ，其概率分布就可使用电子表格计算一系列概率密度值后由电子表格自动生成。

[例 1－2] 某柑橘园筛选出一株 10 年生早熟无核蜜柑单株，疑似优良芽变类型，于是将每个果实的重量一一称重后，得总体 $N=509$ 个单果重数据（仅 90 个不同的观测值，如表 1－1 所示，单位：g），以之为一个总体，如何生成正态分布的概率分布图（万海清，2018）？

先按下列公式算得表 1－1 已知总体平均数 $\mu_0 \approx 147$ g，已知总体标准差 $\sigma_0 \approx 17$ g。

$$\mu_0 = \frac{\sum_1^N x}{N} = \frac{\sum_{i=1}^{90} f_i x_i}{\sum_{i=1}^{90} f_i} = \frac{74832}{509} = 147(\text{g}),$$

$$\sigma_0 = \sqrt{\frac{\sum_1^N (x - \mu_0)^2}{N}} = \sqrt{\frac{\sum_{i=1}^{90} f_i (x_i - \mu_0)^2}{\sum_{i=1}^{90} f}} = \sqrt{\frac{147213}{509}} = 17(\text{g})$$

式中，μ_0 表示已知总体平均数，σ_0 表示已知总体标准差，N 表示总体容量，f 表示某个单果重出现的次数，x 表示随机变量（此处为单果重），i 表示 1～90 的组号。

表 1－1　无核蜜柑芽变单株 509 个单果重观测值的次数分布

次数 f	单果重 x	频率	次数 f	单果重 x	频率	次数 f	单果重 x	频率
1	80	0.001965	4	132	0.007859	1	162	0.001965
1	89	0.001965	11	133	0.021611	6	163	0.011788

（续）

次数 f	单果重 x	频率	次数 f	单果重 x	频率	次数 f	单果重 x	频率
1	95	0.001965	3	134	0.005894	8	164	0.015717
1	97	0.001965	15	135	0.02947	1	165	0.001965
1	99	0.001965	14	136	0.027505	5	166	0.009823
1	101	0.001965	5	137	0.009823	4	167	0.007859
1	103	0.001965	9	138	0.017682	4	168	0.007859
1	105	0.001965	10	139	0.019646	3	169	0.005894
3	106	0.005894	20	140	0.039293	3	170	0.005894
1	107	0.001965	12	141	0.023576	3	171	0.005894
1	108	0.001965	5	142	0.009823	1	172	0.001965
1	109	0.001965	24	143	0.047151	2	173	0.003929
1	113	0.001965	21	144	0.041257	4	174	0.007859
3	114	0.005894	35	145	0.068762	3	175	0.005894
4	115	0.007859	29	146	0.056974	3	176	0.005894
1	116	0.001965	15	147	0.02947	5	177	0.009823
1	117	0.001965	17	148	0.033399	2	178	0.003929
3	119	0.005894	15	149	0.02947	2	179	0.003929
3	120	0.005894	6	150	0.011788	1	181	0.001965
1	121	0.001965	18	151	0.035363	2	182	0.003929
1	122	0.001965	13	152	0.02554	1	183	0.001965
5	123	0.009823	8	153	0.015717	2	184	0.003929
3	124	0.005894	18	154	0.035363	2	186	0.003929
1	125	0.001965	8	155	0.015717	2	187	0.003929
2	126	0.003929	13	156	0.02554	3	189	0.005894
2	127	0.003929	5	157	0.009823	1	191	0.001965
3	128	0.005894	6	158	0.011788	1	193	0.001965
1	129	0.001965	7	159	0.013752	1	194	0.001965
3	130	0.005894	4	160	0.007859	1	196	0.001965
6	131	0.011788	3	161	0.005894	1	251	0.001965

　　再从桌面快捷方式或经开始/程序/Microsoft office 进入 Excel 空白工作表（或 WPS Office 进入表格），如图 1-2 所示。将次数 f 和单果重 x 列的数据分别输入 A、B 两列→以 f、x 两列首个数据的单元格地址编辑、拖拽算式完成 f/N 列和 fx 两列的计算→调用函数"SUM"计算出总次数 N＝509、单果重

总和 $\sum_{i=1}^{90} f_i x_i = 74832 \rightarrow$ 编算式 "$= \dfrac{\sum_{i=1}^{90} f_i x_i}{N}$" 算出总体平均数 $\mu_0 =$ "147.02" $\rightarrow$ 以单果重 x 列的单元格地址减 μ_0 的数值（或者编算式时将 μ_0 所在的单元格地址 D94 用 $ 固定！）编辑、拖拽算式计算误差 $x - \mu_0$ 列 $\rightarrow$ 以次数 f、$x - \mu_0$ 两列首个数据的单元格地址编辑、拖拽算式完成 $f(x - \mu_0)^2$ 列的计算 $\rightarrow$ 调用函数 "SUM"，编算式，再调用函数 "SQRT" 算出总体标准差 $\sigma_0 =$ "17.01"，过程如图 1-2 所示。

	SQRT			f_x	=SQRT(F93)			
	A	B	C	D	F	G	H	I
1	次数f	单果重x	f/N	fx	$x-\mu_0$	$f(x-\mu_0)^2$		
2	1	80	0.001965	80	-67.0177	4491.3697		
3	1	89	0.001965	89	-58.0177	3366.0514		
85	2	187	0.003929	374	39.9823	3197.1715		
86	3	189	0.005894	567	41.9823	5287.5451		
87	1	191	0.001965	191	43.9823	1934.4443		
88	1	193	0.001965	193	45.9823	2114.3736		
89	1	194	0.001965	194	46.9823	2207.3382		
90	1	196	0.001965	196	48.9823	2399.2675		
91	1	251	0.001965	251	103.9823	10812.3225		
92	509		1	74832		147212.8409		
93						289.2197		
94	计算总体参数：		$\mu_0 =$ **147.018**		$\sigma_0 =$	=SQRT(F93)		

函数参数
SQRT
Number F93
返回数值的平方根
计算结果 = 17.01
有关该函数的帮助(H)

图 1-2 使用表 1-1 的单果重数据按加权法计算总体参数的过程

【"A1"型 Excel 表格中生成正态分布面积图的操作步骤】

（1）进入 Excel 空白工作表，在 A2、A3 分别输入 u 值 -2、-1.95 后全选 A2：A3 值域，往下拖拽权柄填充其余 79 个 u 值，如图 1-3 所示。

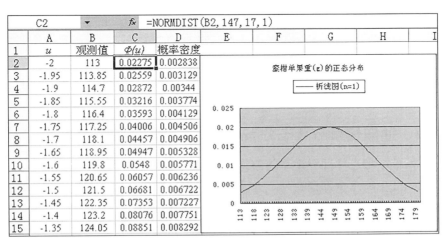

	C2		f_x	=NORMDIST(B2,147,17,1)					
	A	B	C	D	E	F	G	H	I
1	u	观测值	$\Phi(u)$	概率密度					
2	-2	113	0.02275	0.002838					
3	-1.95	113.85	0.02559	0.003129					
4	-1.9	114.7	0.02872	0.00344					
5	-1.85	115.55	0.03216	0.003774					
6	-1.8	116.4	0.03593	0.004129					
7	-1.75	117.25	0.04006	0.004506					
8	-1.7	118.1	0.04457	0.004906					
9	-1.65	118.95	0.04947	0.005328					
10	-1.6	119.8	0.0548	0.005771					
11	-1.55	120.65	0.06057	0.006236					
12	-1.5	121.5	0.06681	0.006722					
13	-1.45	122.35	0.07353	0.007227					
14	-1.4	123.2	0.08076	0.007751					
15	-1.35	124.05	0.08851	0.008292					

图 1-3 使用蜜柑单果重数据的总体参数生成正态分布图

（2）再选定 B2，编算式"＝A2×17＋147"得到第一个观测值"113"，往下拖拽依次得到 113.85、114.7、…、181 等 80 个横坐标刻度值。

（3）选定 C2 后，"公式"中点开"fx"函数"NORMDIST"，对话框 4 行依次填入值域 B2、总体平均数"147"、总体标准差"17"及 TRUE 逻辑值"1"得累积概率值"0.02275"，继续往下拖拽就可以得到 0.02559、0.02872、…、0.97725 等 80 个也可由教材附表查得的 $\Phi(u)$ 值。

（4）选定 D2，编算式"＝C3－C2"计算第 1 个宽度为 0.85 g 的横抽区间上的概率密度，得"0.0028379"，再使用权柄复制往下连续填充到 D81 也显示"0.0028379"为止，得到其余 79 个概率密度值。

（5）全选 D 列，进入图表向导，图表类型对话框中选"折线图"后，子图表类型选第一个图框，单击"完成"生成正态分布图，最后利用 B 列观测值更新横坐标刻度，即点击正态分布图的横坐标，鼠标右击进入"选择数据"菜单，对话框点击"水平（分类）轴标签"编辑栏，对话框选定 B 列数据范围，确定完成横坐标刻度更新。

注：WPS Office 表格中使用函数"NORM. DIST"，对话框 4 行依次填入数值 B2、总体平均数"147"、总体标准差"17"及逻辑值"1"得累积概率值"0.02275"，其他步骤与 Excel 电子表格相同。

由于概率密度分布对称，结合图 1－3 中 C2 单元格的累积概率值"0.022275"不难看出，从 509 个蜜柑果实构成的总体中只随机抽取 1 个果实的情况下，该单果重为 113～181 g 的概率在 95％以上。也就是说，随机抽样观察结果单果重不超过 113 g 以及不少于 181 g 的概率累加起来不到 5％，于是可应用小概率原理确定样本容量 $n＝1$ 时，随机抽样容许范围大致是 113～181 g（如果严格按小概率标准 5％计算，随机抽样更准确的容许范围是 113.68～180.32 g）。换句话说，就表 1－1 的总体只随机抽取 1 个蜜柑果实时，在仅做 1 次这样的抽样观测的条件下，根据小概率原理就可以推断，该果实重量不可能少于 113 g 或超过 181 g。

四、抽样模型与正态分布

根据单个母总体抽样模型能够将误差和抽样误差、标准差和标准误、正态离差和标准化离差全部搞清楚，并及时完成三次提升，即一升级（概率算法由二项分布升级到正态分布）、二跨越（正态分布由中学 $n＝1$ 的描述性分布跨越到大学 $n\geqslant2$ 的抽样分布）、三拓展（抽样分布实现由总体参数已知的正态分布到总体参数未知的 t 分布的拓展）。

二项分布：概率函数 $\xrightarrow{\text{算法升级}}$ 正态分布：累积函数

$\dfrac{x-\mu_0}{\sigma_0}$（$n=1$，母总体）$\xrightarrow{\text{变量跨越}}$ $\dfrac{\bar{x}-\mu_{\bar{x}}}{\sigma_{\bar{x}}}$（$n\geqslant 2$，衍生总体）

$\dfrac{\bar{x}-\mu}{\sigma_0/\sqrt{n}}$（$\sigma_0$ 已知，u 分布）$\xrightarrow{\text{分布拓展}}$ $\dfrac{\bar{x}-\mu}{s/\sqrt{n}}$（$\sigma_0$ 未知，t 分布）

上述式中，n 表示样本容量，$\bar{x}$ 表示样本平均数，$\mu_{\bar{x}}$ 表示衍生总体的平均数，$\sigma_{\bar{x}}$ 表示衍生总体的标准差简称标准误，s 表示样本标准差，u 表示正态离差，t 表示标准化离差。

图 1-3 曾在样本容量 $n=1$ 时解释过小概率原理，实际应用场合随机抽样观察蜜柑单果重不可能仅使用一个随机观察值，那样做会被指责为太没有代表性。通常的做法一定是随机抽取若干个观察值算平均数，使其代表性更强。这样做其实蕴含了一个平方根定律，也就是平均数作为复置抽样（复置抽样指每次抽出一个个体之后，这个个体返置回原总体）的随机变量时，从理论上讲，所遵循的概率分布就是抽样分布，在一定条件下必然是正态分布，其总体标准差叫总体标准误，与随机抽样的样本容量的平方根成反比，详见附录二。

［例 1-3］将表 1-1 整理的 509 个柑橘单果重观测值视为母总体，已算得总体平均数 147 g，总体标准差 17 g，试用 Excel 函数"NORMDIST"计算样本容量分别为 1、4、9、16、25 时，抽样分布的累积概率值，再参照图 1-3 的过程算出概率密度，生成抽样分布图。

【Excel 用表 1-1 的总体参数生成抽样分布图的操作步骤】

（1）以图 1-3 的正态分布图为基础，首行插入空行标注不同样本容量，如图 1-4 所示。

（2）选定 E3 后，"公式"中点开"fx"函数"NORMDIST"，对话框 4 行依次填入值域 B3、总体平均数"147"、总体标准误"8.5"及 TRUE 逻辑值"1"得累积概率值"0.0000317"，继续往下拖拽就可以得到 0.0000481、0.0000723、…、0.999968 等 80 个，也可由教材附表查得 $\Phi(u)$ 值。

（3）选定 F3，编算式"＝E4－E3"计算第 1 个宽度为 0.85 g 的横抽区间上的概率密度，得"0.0000164"，再使用权柄复制往下连续填充到 D81 显示"0.0000164"为止，得到其余 79 个概率密度值。

（4）参照上述步骤（2），调出函数"NORMDIST"，对话框第 1、2、4 行仍填入 B3、总体平均数"147"及 TRUE 逻辑值"1"，只将总体标准误分别更改为 $\dfrac{17}{\sqrt{9}}$、$\dfrac{17}{\sqrt{16}}$、$\dfrac{17}{\sqrt{25}}$ 算出 G、I、K 3 列各 81 个累积概率值。

（5）参照上述步骤（3），编算式算出第 1 个宽度为 0.85 g 的横抽区间上的概率密度后，再使用权柄复制得到 H、J、L 3 列各 80 个概率密度值。

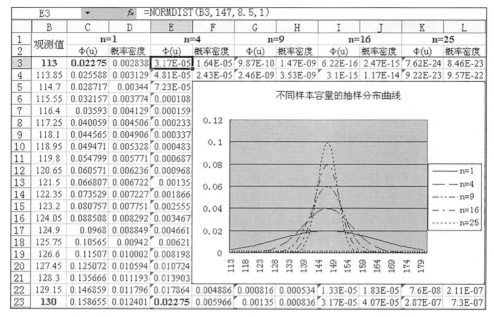

图1-4　不同样本容量抽样所得样本平均数的正态分布图

（6）删除属于文字标志的第1、2行，使用Ctrl全选D、F、H、J、L5列，进入图表向导，图表类型对话框中选"折线图"后，子图表类型选第1个图框，单击"完成"生成5种不同样本容量的抽样分布曲线；最后利用B列观测值更新横坐标刻度。

（7）根据总体标准误与相应样本容量相互关系的平方根定律，按左、右尾对称概率之和最接近5%的标准确定抽样平均数的区间上限、下限值，完成表1-2的整理。

表1-2　不同样本容量中间概率为95%左右的抽样平均数容许范围

n	标准误	左尾概率	平均数下限	中间概率	平均数上限	右尾概率
1	$17/\sqrt{1}$	0.02275	（　　）	0.9545	（　　）	$1-0.97725$
4	$17/\sqrt{4}$	0.02275	（　　）	0.9545	（　　）	$1-0.97725$
9	$17/\sqrt{9}$	0.02559	135.95	0.9488	158.05	$1-0.97441$
16	$17/\sqrt{16}$	0.02275	138.5	0.9545	155.5	$1-0.97725$
25	$17/\sqrt{25}$	0.02275	140.2	0.9545	153.8	$1-0.97725$

注：WPS Office表格中使用函数"NORM.DIST"，计算累积概率值，其他步骤与Excel电子表格相同。

提示与拓展

不论观察哪个试验指标得到的数据资料，也不论是根据类似图 1-4 中的哪个抽样模型进行整理，属于正态分布的变量都可以通过变量代换转换成服从正态分布的随机变量，称为正态离差，用 u 表示。所服从的正态分布曲线只有唯一的一条，其总体平均数为 0，总体标准差为 1，可以使用教材中标准分布的累积概率值表制作概率分布图，即正态离差 u 的概率密度与面积图。方法是：进入空白 Excel 表格→将教材附表中 u 值分别为 -3.05，-2.95，-2.85，…，-0.15，-0.05，0.05，0.15，…，2.85，2.95，3.05 对应的 62 个标准分布的累积概率 $\Phi(u)$ 值 0.001144，0.001589，0.002186，…，0.4404，0.4801，0.5199，0.5596，…，0.997814，0.998411 和 0.998856 依次输入 A2：A63→选定空单元格 B2，编算式"$=A3-A2$"计算头一个宽度为 0.1 的区间上的概率密度，得"0.000445"→选定 B2 的值域，使用权柄往下连续复制到 B62 显示"0.000445"为止，得到其余 60 个概率密度值→全选 B 列，进入图表向导→图表类型选"面积图"，子图表类型选第一个图框，单击"完成"得到如图 1-5 所示的标准正态分布图，即 u 分布。

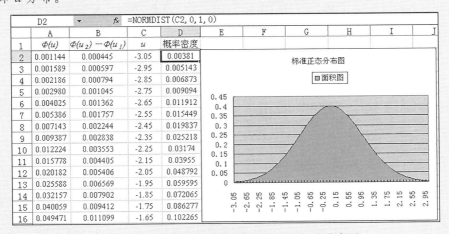

图 1-5　使用正态离差的概率密度生成标准分布图

有了 u 分布，任何服从正态分布的随机变量（特别是后续抽样的样本平均数）都可以转化为正态离差 u 之后按这条标准分布曲线计算指定区间的概率，这就是以往没有普及个人电脑的年代也能够使用正态分布查算概率的原因。

在 C2、C3 分别输入 u 值 -3.05、-2.95 后全选 C2：C3 值域，往下拖拽权柄填充其余 60 个 u 值→选定 D2，打开"fx"调出函数"NORMDIST"

后确定→对话框 4 行依次填入值域 C2、总体平均数 "0"、标准差 "1" 及 FALSE 逻辑值 "0" 直接得到概率密度值 "0.00381"→再选定 D2，权柄复制直到 D63→全选 D 列，进入图表向导生成 u 分布图。

图 1 - 5 A 列也可由 Excel 函数 "NORMSDIST" 或者 "NORMDIST" 算出，试予操作。

五、作业与思考

1. 表 1 - 1 已知 $x \sim N(\mu_0, \sigma_0^2)$，$\mu_0 = 147$ g，$\sigma_0 = 17$ g，使用尾字符-DIST 的电子表格函数计算概率 P：$P(x \leqslant 113)$、$P(x \leqslant 160)$、$P(113 < x \leqslant 160)$ 和 $P(x > 160)$（计算结果画示意图）；再使用尾字符- INV 的电子表格函数计算指定中间概率为 0.9 或两尾概率为 0.05 的双侧分位数，并换算为 x 的区间端点值。

2. 什么是小概率原理？为什么要将服从正态分布的随机变量 x 转化为正态离差 u？

3. 用电子表格计算平均数时，总体和样本都可以用 "AVERAGE"，为什么计算标准差时，总体用 "STDEVP" 而样本却用 "STDEV"？计算反映样本所有个体在某一性状上的数量变异的统计量时，为什么不用函数 "AVEDEV" 求平均偏差而一定要用样本标准差 s？

4. 为什么正态分布也可以说是由三个参数决定的曲线系统？

实训 2 Monte – Carlo 抽样试验

一、实训内容

根据电子表格中抽得的样本平均数 $\bar{x}$ 或样本标准差 s，就表 1 – 1 给定的总体用平方根定律计算样本容量不同的抽样平均数或 t 值的容许范围；结合小概率原理确定这些平均数或分位数区间，使用随机数发生器进行微型化的 Monte – Carlo 抽样试验，验证随机抽样的正态分布和 t 分布规律，完成抽样分布由正态分布到 t 分布的华丽转身。

二、正态分布和给定平均数区间的抽样试验

[例 2 – 1] 就表 1 – 1 的观测值使用 Excel 中的插入函数或随机数发生器进行抽样试验，即以样本容量分别为 1、4、9、16、25 抽取样本，计算所抽样本的平均数；使用函数 "NORMINV" 或 "CONFIDENCE" 确定表 2 – 1 中按不同样本容量进行抽样试验中间概率为 95% 的平均数区间（简称 "容许范围"），并和表 1 – 2 进行比对，结合小概率原理评价随机抽得样本平均数属于该区间的百分比，验证样本平均数所遵循的抽样分布的平方根定律。

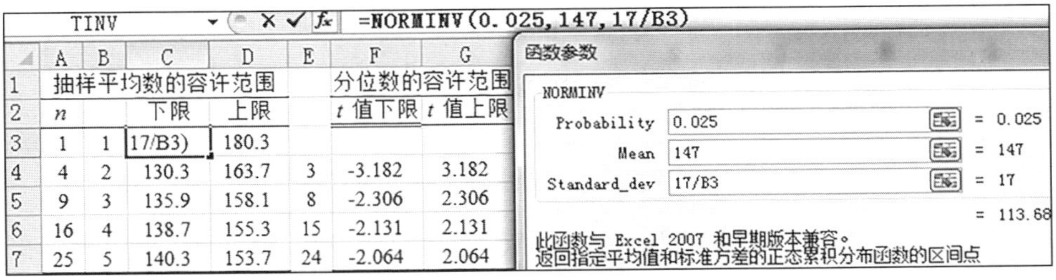

图 2 – 1 使用插入函数计算不同抽样模型平均数的容许范围

如图 2 – 1 所示，在 A3：A7 依次录入 1、4、9、16、25 五种抽样模型的样本容量，选定 B3 单元格，调用插入函数 "SQRT"，对话框输入 A3 值域得到 "1" 后往下拖拽至 B7 单元格，获得各种样本容量的平方根。然后选定 C3 单元格，调用插入函数 "NORMINV"，对话框依次输入 "0.025" "147" "17/B3" 得到 "113.7" 后，往下拖拽至 C7 单元格，得到 5 种抽样模型的平均数下限；继续选定 D3 单元格，点开插入函数 "NORMINV"，对话框依次输入 "0.975" "147" "17/B3" 得到 "180.3" 后，往下拖拽至 D7 单元格，得

到 5 种抽样模型的平均数上限。由于上述各种抽样模型对应下限、上限确定的区间上的中间概率都是 95%，故称为容许范围。

【Excel 就表 1-1 的观测值抽取随机样本的操作步骤】

（1）将表 1-1 中 509 个单果重数据按图 2-2 整理的结果只保留 A、B、C 3 列，删除其他各列，并重新选定第 20～89 行，进入格式/行/隐藏，如图 2-2 所示。

（2）如图 3-1 所示，打开"数据"页→右上角点开"数据分析"→拖动滑块找到随机数发生器，"变量个数"填写"20"，"随机数个数"填写"16"，"分布"类型选择"离散"，数值与概率区域选定"B2：C91"，"随机数基数"填写"0"，"输出区域"填写"E2"，确定后得到 20 个 n＝16 的随机样本。

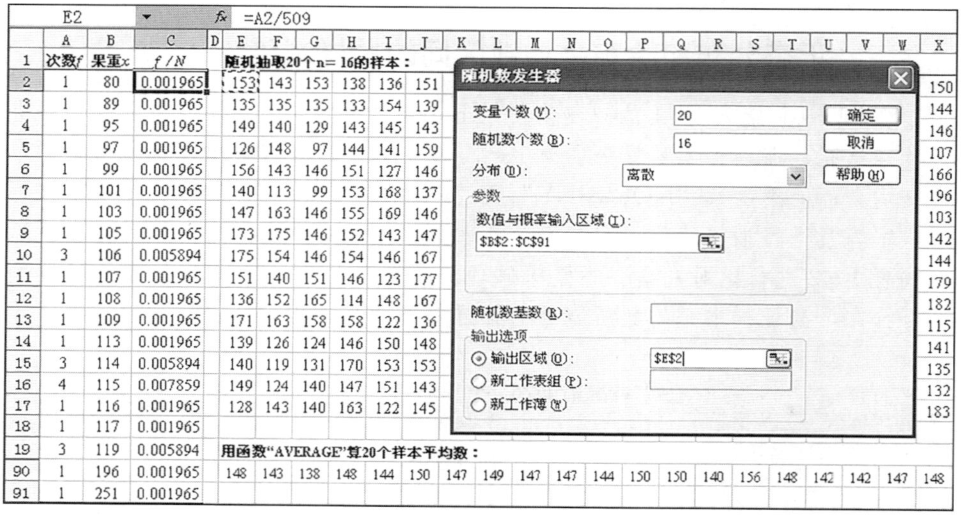

图 2-2　使用随机数发生器抽取多个随机样本的过程

（3）选定 E90，调出函数"AVERAGE"，对话框录入 E2：E17，确定后再使用权柄复制往右连续填充到 X90 显示"148"为止，得到共 20 个样本平均数 $\bar{x}$。

（4）使用条件格式录入容许范围的区间端点值"138.7"和"155.3"，将没有超范围的样本平均数以不同底色（如绿色）显示，发现图 2-2 中仅第 S 列样本的平均数"156"超出 n＝16 的抽样分布区间 138.7～155.3，所以，在表 2-1 样本容量为 16 的那一行"超范围 $\bar{x}$ 值"栏目下填写"156"；"容许范围样本数"栏目下填写"19"，"容许范围占比"栏目下填写"95"。

（5）参照上述步骤（2）（3）（4），分别按样本容量 1、4、9、25 各抽取 20 个样本后，使用权柄复制算出样本平均数，记录超出对应平均数区间的样本数（个），完成表 2-1 中（　　）的空缺内容。

表 2-1　不同样本容量的抽样试验结果

n	$\mu_0 \pm u_{0.05} \cdot \sigma_0 / \sqrt{n}$	平均数下限	平均数上限	超范围 $\bar{x}$ 值	容许范围样本数/个	容许范围占比/%
1	$147 \pm 1.96 \times 17 / \sqrt{1}$	113.7	180.3	（　　）	（　　）	（　　）
4	$147 \pm 1.96 \times 17 / \sqrt{4}$	130.3	163.7	（　　）	（　　）	（　　）
9	$147 \pm 1.96 \times 17 / \sqrt{9}$	135.9	158.1	（　　）	（　　）	（　　）
16	$147 \pm 1.96 \times 17 / \sqrt{16}$	138.7	155.3	（ 156 ）	（ 19 ）	（ 95 ）
25	$147 \pm 1.96 \times 17 / \sqrt{25}$	140.3	153.7	（　　）	（　　）	（　　）

注：相同样本容量每次随机抽取 20 个样本，允许同一个观测值被重复抽取，下同。

三、t 分布和给定分位数区间的抽样试验

［例 2-2］使用 WPS 函数"TDIST"，按自由度 1、2、3、8、15 生成 t 分布的概率分布图，并确定每条分布曲线两尾概率为 0.05 或 0.10 时的双侧分位数；再使用 WPS 函数"TINV"计算两尾概率为 0.05 的双侧分位数。

【用 WPS 插入函数制作 t 分布曲线图的操作方法】

（1）首行插入空行标注不同样本自由度 df，A3 列输入 t 值 -2.00，A4 列输入 t 值 -1.95，选定 A3、A4 往下拖拽就可以得到其他 82 个 t 值，如图 2-3 所示。

（2）选定 B3 后，"公式"中点开"fx"函数"TDIST"，对话框 3 行依次填入 t 值 ABS（A3）、自由度"1"及单尾分布值"1"得一尾概率值"0.14758"，继续往下拖拽就可以得到 0.15083、0.15421、……、0.14446 等 82 个一尾概率值。

（3）选定 C3，编算式"=ABS（B4-B3）"计算第 1 个宽度为 0.05 的横抽区间上的概率密度，得"0.00325"，再使用权柄复制往下连续填充到 C82 也显示"0.00325"为止，得到其余 80 个概率密度值。

（4）参照上述步骤（2），调出函数"TDIST"，对话框第 1、3 行仍填入 t 值 ABS（A3）、单尾分布值"1"，只将自由度分别更改为"2""3""8"和"15"算出 D、F、H 和 J 4 列的各 82 个一尾概率值。

（5）参照上述步骤（3），编算式算出第 1 个宽度为 0.05 的横抽区间上的概率密度后，再使用权柄复制得到 E、G、I 和 K 4 列各 80 个概率密度值。

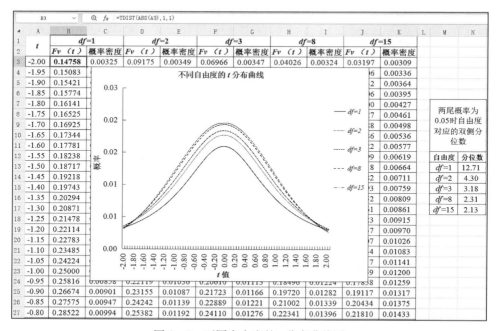

图 2-3　不同自由度的 t 分布曲线图

（6）删除属于文字标志的第 1、2 行，使用 Ctrl 全选 C、E、G、I、K 5 列，点击"插入"进入图表向导，图表类型选"折线图"，生成 5 种不同样本自由度的 t 分布曲线。

（7）选中横坐标，鼠标右击，点击"选择数据"，点击轴标签中的编辑，选择横坐标值域 A 列，点击确定。

（8）选定 N13 后，"公式"中点开"fx"函数"TINV"，对话框 2 行依次填入分布概率"0.05"、自由度"1"得分位数 12.71（即双侧分位数 ±12.71）。

（9）参照上述步骤（8），调出函数"TINV"，对话框第 1 行仍填入分布概率"0.05"，只将第 2 行的自由度分别更改为"2""3""8"和"15"算出 N14、N15、N16 和 N17 中的分位数"4.30""3.18""2.31"和"2.13"。

[例 2-3]　就表 1-1 的观测值使用 Excel 以样本容量分别为 4、9、16、25 抽取样本，每种样本容量随机抽取 20 个样本。计算所有现场抽得样本的 t 值，使用函数"TINV"确定如表 2-2 所示的抽样试验分位数区间（即容许范围）并进行容许范围占比统计。

表 2 - 2　不同样本容量 t 值的抽样试验结果

n	$(\bar{x}-\mu_0)\big/ s/\sqrt{n}$	分位数下限	分位数上限	超范围 t 值	容许范围样本数/个	容许范围占比/%
4	$(*)/(*)\times\sqrt{4}$	-3.182	3.182	（　　）	（　　）	（　　）
9	$(*)/(*)\times\sqrt{9}$	（　　）	2.306	（　　）	（　　）	（　　）
16	$(*)/(*)\times\sqrt{16}$	（　　）	2.131	（　无　）	（　20　）	（100）
25	$(*)/(*)\times\sqrt{25}$	（　　）	2.064	（　　）	（　　）	（　　）

注：相同样本容量每次随机抽取 20 个样本，（ * ）表示因样本不同而异，无须填写，下同。

沿用图 2 - 1 所示，选定 E4 单元格，编算式"＝A4－1"得到自由度"3"后往下拖拽至 E7 单元格，得到 4 种抽样模型的自由度；然后选定 G4 单元格，调用插入函数"TINV"，对话框依次输入"0.05""E4"得到"3.182"后，往下拖拽至 G7 单元格，得到 4 种抽样模型的分位数上限；继续选定 F4 单元格，编算式"＝－G4"后往下拖拽至 F7 单元格，得到 4 种抽样模型的下限 t 值。由于 4 种抽样模型对应下限、上限确定的 t 值区间上的中间概率都是 95%，故称为容许范围。可见，t 值容许范围的两个区间端点值绝对值相等，符号相反，这个规律将给后续统计推断带来极大的方便。

【Excel 中抽取随机样本计算 t 值的操作步骤】

（1）沿用图 2 - 2 已抽得的 20 个 $n=16$ 的随机样本，选定空单元格 E91，调出函数"STDEV"，对话框录入 E2：E17，确定后再使用权柄复制往右连续填充到 X91 显示"27.5"为止，得到共 20 个样本标准差，如图 2 - 4 所示（继续隐藏 A、B 两列）。

（2）选定 E92，编算式"＝E91/SQRT（16）"计算出第 1 个标准误"3.76"，使用权柄复制往右连续填充到 X92 显示"6.87"为止。

（3）选定 E93，编算式"＝E90－147"计算出第 1 个抽样误差"1"，使用权柄复制往右连续填充到 X93 显示"0.81"为止。

（4）选定 E94，编算式"＝E93/E92"计算出第 1 个 t 值"0.27"，使用权柄复制往右连续填充到 X94 显示"0.12"为止，得到共 20 个随机样本的 t 值。

（5）使用条件格式录入容许范围的区间端点值"－2.131"和"2.131"，将没有超范围的 t 值以不同底色（如绿色）显示，发现图 2 - 4 中 $n=16$ 的随机样本所得 t 值都在－2.131～2.131 的范围内，所以，在表 2 - 2 样本容量为 16 的那一行"超范围 t 值"栏目下填写"无"；"容许范围样本数"栏目下填写"20"，"容许范围占比"栏目下填写"100"。

（6）参照上述步骤（1）（2）（3）（4），分别按样本容量 4、9、25 各抽

		E92		▼		fx		=E91/SQRT(16)													
	C	D	E	F	G	H	I	J	K	L	M	N	O	P	Q	R	S	T	U	V	W	X
1	f/N		随机抽取20个n=16的样本:																			
2	0.001965		153	143	153	138	136	151	123	168	130	164	147	151	156	149	156	143	152	146	140	150
3	0.001965		135	135	135	133	154	139	138	159	146	148	135	151	141	80	146	151	150	154	177	144
4	0.001965		149	140	129	143	146	143	182	143	154	137	156	143	140	149	152	141	139	140	155	146
5	0.001965		126	148	97	144	141	159	154	156	158	187	126	145	147	153	154	158	147	159	123	107
6	0.001965		156	143	146	151	127	146	160	163	148	146	151	123	159	184	139	145	156	155	166	
7	0.001965		140	113	99	153	168	137	138	143	140	140	140	135	138	176	137	175	113	163	196	
8	0.001965		147	163	146	155	169	146	151	151	149	145	141	174	138	141	136	120	151	140	116	103
9	0.001965		173	175	146	152	143	147	123	144	147	138	146	146	137	146	126	164	149	142		
10	0.005894		175	154	146	154	146	167	178	151	145	168	147	152	168	173	133	117	151	137	144	
11	0.001965		151	140	145	146	123	177	144	151	164	138	138	140	149	141	189	154	89	149	179	
12	0.001965		136	152	165	114	148	167	140	132	106	141	135	132	147	144	145	135	174	140	182	
13	0.001965		171	163	142	152	136	151	119	145	141	153	164	134	179	145	89	159	160	115		
14	0.001965		139	152	146	153	147	145	170	135	147	147	146	131	138	146	116	126	167	141		
15	0.005894		140	119	131	170	153	153	134	136	134	158	149	159	149	146	163	148	142	154	163	
16	0.007859		149	124	146	147	141	143	160	135	124	127	151	174	145	115	164	125	154	136	132	
17	0.001965		128	143	146	163	122	145	148	151	156	140	171	153	148	167	164	169	101	138	183	
18	0.001965																					
19	0.005894		20个样本计算 t 值的操作过程:																			
90	平均数		148	143	138	148	144	150	147	149	147	147	144	150	150	140	156	148	142	142	147	148
91	样本标准差		15	16.8	18.8	12.8	14.7	11.7	16.3	10.2	16.8	15.1	8.27	10.1	11.3	19	20.1	12.8	20.8	23.5	16	27.5
92	样本标准误		3.76	4.21	4.71	3.21	3.68	2.92	4.07	2.55	4.21	3.77	2.07	2.53	2.81	4.75	5.03	3.2	5.21	5.87	4	6.87
93	抽样误差		1	-4.44	-9.13	0.94	-3.38	3.25	0.25	1.56	-0.5	0.25	-3.25	3.31	3.19	-7	9.38	1.06	-4.63	-5.25	0.44	0.81
94	t值		0.27	-1.1	-1.9	0.29	-0.9	1.11	0.06	0.61	-0.1	0.07	-1.6	1.31	1.13	-1.5	1.86	0.33	-0.9	-0.9	0.11	0.12

图 2-4　随机抽取 20 个样本计算 t 值的操作过程

20 个样本后，使用权柄复制算出 t 值，记录超出对应分位数区间的 t 值，完成表 2-2 中（　　）的空缺内容。

【用 Excel 插入函数 t 分布曲线图的操作方法提示】

使用函数"T. DIST"制图的操作方法可参考图 2-5 进行。使用函数"TDIST"制图的操作方法相对麻烦，需按一尾标志值"1"得到不同自由度的右半边的一系列累积概率值后算出右半边一系列概率密度，再利用 t 分布的对称性，将右半边一系列概率密度倒序后得到左半边一系列概率密度，左右两半边合排一列，就可以生成 t 分布曲线系统。

▣ 提示与拓展

无论表 2-1 超范围 $\bar{x}$ 值还是表 2-2 超范围 t 值，达到 3 个或者 3 个以上的情况，现场综合所有学员抽样试验的结果进行统计时一定会是极个别的现象，这就是小概率原理。这种通过团队演练验证抽样分布规律正是抽样试验以及后续抽样误差分析强化实训教学互动的优势（唐映红，2023）。

此外，每一种样本容量还可借助函数"FREQUENCY"参照表 1-1 整理出样本平均数的次数及频率分布。如果学员操作过程较熟练，如图 2-6

那样，使用 Excel 2003 的随机数发生器就可分 5 次随机抽取 1230 个样本（使用 Excel 2010 及之后的电子表格不受表格列数限制，可一次性完成！），将全部样本平均数的计算结果集中在 E27：IP31 值域，再使用函数"FRE-QUENCY"制成频率分布图和图 1-4 的抽样分布进行比较。这就是最早的 Monte-Carlo 抽样试验（南京农业大学，1992），是没有电脑和网络年代进行抽样研究的大数据技术。图 2-7 则是从二项总体进行 Monte-Carlo 抽样试验的过程与结果（盖钧镒，2022）。

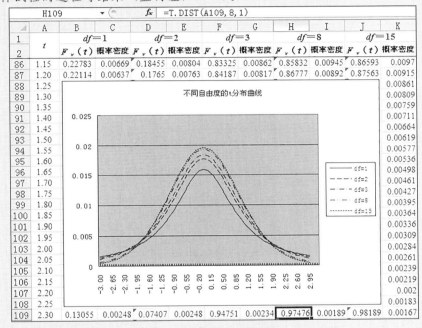

图 2-5　不同自由度的 t 分布曲线图

四、作业与思考

1. 以表 1-1 的 $N=509$ 个单果重观测值为母总体，分别以 $n=4$、9、16、25 进行复置抽样，试用函数"NORMINV"确定 5 条抽样分布曲线两尾概率为 0.05 或 0.10 的双侧分位数，再换算为 $\bar{x}$ 的区间端点值。

2. 使用 Excel 插入函数"T. DIST"（或"TDIST"），按自由度 1、2、3、8、15 生成 t 分布的概率分布图，并确定每条分布曲线两尾概率为 0.05 或 0.10 时的双侧分位数；再使用插入 Excel 函数"TINV"计算两尾概率为 0.05 的双侧分位数。

*3. 怎样应用数据分析软件的"抽样"就图 2-8 的观测值直接抽取随机样本？

名称框：IS2 　fx：=FREQUENCY (E$27:IP$31, IR2)

使用"随机数发生器"抽取5×246个样本：

使用函数"AVERAGE"计算5×246个样本平均数：

图表：蒙迪卡罗抽样试验（图例：■ n=4；纵轴刻度 0.12、0.1、0.08、0.06、0.04、0.02、0；横轴刻度 114、118、122、126、130、134、138、142、146、150、154、158、162、166、170、174、178、182）

行	果重(B)	概率(C)
2	80	0.001965
3	89	0.001965
4	95	0.001965
5	97	0.001965
6	99	0.001965
7	101	0.001965
8	103	0.001965
9	105	0.001965
10	106	0.005894
11	107	0.001965
12	108	0.001965
13	109	0.001965
14	113	0.001965
15	114	0.005894
16	115	0.007859
17	116	0.001965
18	117	0.001965
19	119	0.005894
20	120	0.005894
21	121	0.001965
22	122	0.003929
23	123	0.009823
24	124	0.005894
25	125	0.001965
26	126	0.003929
27	127	0.003929
28	128	0.005894
29	129	0.005894
30	130	0.005894
31	131	0.011788

抽样矩阵（E~IP 列，部分中间单元格被图表遮挡）

行	E	F	G	H	IE	IF	IG	IH	II	IJ	IK	IL	IM	IN	IO	IP
2	132	147	139	159	152	144	135	153	135	120	143	141	150	144	151	150
3	120	131	140	152	157	194	153	159	157	144	134	133	151	131	156	152
4	146	151	177	134	143	133	136	154	148	146	170	151	152	139	148	145
5	147	139	146	146	161	145	164	140	166	106	106	153	143	144	151	141
6					（图表）											
7	160	136	175												119	145
8	189	161	140												148	147
9	154	143	136												124	134
10	126	146	153												140	145
11					（图表）											
12	133	194	145												145	140
13	132	175	146												167	153
14	142	148	133												148	171
15	141	155	152												144	164
16					（图表）											
17	136	174	138												143	147
18	147	148	145												141	153
19	143	161	141												145	159
20	143	158	119												154	141
24	144	130	148	153	154	152	147	152	144	141	155	147	149	152	152	147
25	145	133	114	155	156	149	150	149	147	146	160	137	138	133	133	143
26	142	148	135	161	149	175	149	149	146	150	152	143	143	151	151	157
27	136	142	151	148	153	154	147	152	152	138	138	145	149	140	146	150
28	157	147	148	142	154	155	150	144	152	147	141	160	137	151	133	143
29	137	168	114	144	156	149	149	141	140	140	146	152	143	138	151	157
30	142	160	135	163	146	151	144	148	158	150	150	140	150	154	146	150
31	146	140	152	154	138	149	166	145	147	156	156	140	156	144	132	147

频率分布表

组限(IR)	IS	次数(IT)	频率(IU)
114	0	0	0
116	0	0	0.000813
118	1	1	0
120	1	1	0.002439
122	4	3	0.004065
124	9	5	0.001626
126	11	2	0.0065041
128	19	8	0.0113821
130	33	14	0.0113821
132	47	14	0.0186992
134	70	23	0.0365854
136	115	45	0.0382114
138	162	47	0.0552846
140	230	68	0.0666667
142	312	82	0.0861789
144	418	106	0.1073171
146	550	132	0.1089431
148	684	134	0.095122
150	801	117	0.0853659
152	906	105	0.0739837
154	997	91	0.0536585
156	1063	66	0.0512195
158	1126	63	0.0268293
160	1159	33	0.0138211
162	1176	17	0.0138211
164	1193	17	0.0089431
166	1204	11	0.0056911
168	1211	7	0.003252
170	1215	4	0.002439
172	1218	4	0.003252

图2-6　表1-1的总体中进行Monte-Carlo抽样试验的操作过程与结果

B785　{=FREQUENCY(E806:IV809, A785:A809)}

二项总体：
无害虫	0	0.65
有害虫	1	0.35

频率分布：

从二项总体中随机抽取4×252个n=200的样本：

用函数"AVERAGE"计算4×252个样本平均数：

频率分布表：

	A	B	C
785	0.25	0	0
786	0.26	5	0.00496
787	0.27	5	0.00496
788	0.28	12	0.0119
789	0.29	14	0.01389
790	0.3	32	0.03175
791	0.31	52	0.05159
792	0.32	82	0.08135
793	0.33	106	0.10516
794	0.34	94	0.09325
795	0.35	117	0.11607
796	0.36	126	0.125
797	0.37	91	0.09028
798	0.38	99	0.09821
799	0.39	81	0.08036
800	0.4	39	0.03869
801	0.41	25	0.0248
802	0.42	13	0.0129
803	0.43	11	0.01091
804	0.44	1	0.00099
805	0.45	1	0.00099
806	0.46	0	0
807	0.47	1	0.00099
808	0.48	0	0
809	0.49	1	0.00099
810		1008	1

图表：二项总体抽样分布　■面积图

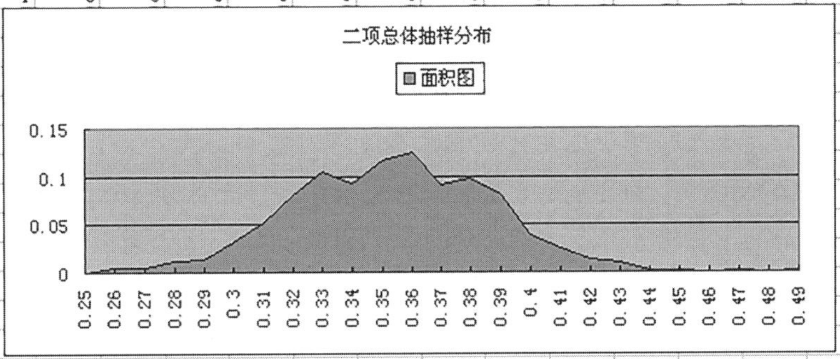

图2-7　二项总体中进行Monte-Carlo抽样试验的过程与结果

E23   *fx*   90

	A	B	C	D	E	F	G	H	I	J	K	L	M	N	O	P	Q	R	S	T	U	V	W	X	Y	Z	AA	AB	AC	AD
1		南						西							北						中						东			
2	1	171	35	135	69	135	103	138	137	133	171	251	205	151	239	114	273	144	307	147	341	152	375	163	409	172	443	161	477	140
3	2	136	36	138	70	154	104	154	138	117	172	95	206	140	240	145	274	135	308	144	342	150	376	152	410	140	444	166	478	177
4	3	157	37	147	71	133	105	154	139	140	173	131	207	107	241	131	275	159	309	147	343	196	377	171	411	149	445	130	479	133
5	4	145	38	143	72	146	106	120	140	99	174	137	208	144	242	148	276	186	310	139	344	136	378	177	412	133	446	143	480	156
6	5	147	39	145	73	156	107	147	141	144	175	175	209	153	243	146	277	128	311	143	345	154	379	143	413	115	447	149	481	145
7	6	179	40	158	74	133	108	147	142	178	176	177	210	148	244	145	278	138	312	156	346	146	380	145	414	163	448	174	482	125
8	7	135	41	144	75	149	109	143	143	135	177	144	211	133	245	136	279	97	313	156	347	154	381	145	415	164	449	135	483	138
9	8	136	42	153	76	151	110	121	144	153	178	148	212	89	246	124	280	143	314	156	348	154	382	164	416	184	450	156	484	139
10	9	164	43	119	77	143	111	108	145	157	179	135	213	140	247	154	281	165	315	146	349	132	383	174	417	147	451	144	485	161
11	10	163	44	145	78	154	112	156	146	145	180	138	214	143	248	143	282	143	316	145	350	145	384	158	418	150	452	179	486	144
12	11	146	45	115	79	143	113	135	147	149	181	143	215	152	249	150	283	176	317	147	351	176	385	147	419	140	453	135	487	145
13	12	135	46	164	80	155	114	139	148	178	182	141	216	101	250	152	284	156	318	145	352	155	386	150	420	154	454	159	488	145
14	13	146	47	126	81	177	115	149	149	152	183	142	217	80	251	146	285	145	319	178	353	133	387	177	421	149	455	146	489	115
15	14	151	48	145	82	145	116	155	150	135	184	147	218	143	252	155	286	155	320	140	354	167	388	134	422	140	456	187	490	136
16	15	154	49	141	83	145	117	166	151	153	185	154	219	145	253	106	287	113	321	148	355	146	389	153	423	170	457	138	491	155
17	16	144	50	149	84	147	118	152	152	140	186	143	220	142	254	130	288	139	322	136	356	189	390	120	424	136	458	141	492	166
18	17	146	51	151	85	141	119	145	153	153	187	148	221	145	255	122	289	174	323	189	357	134	391	163	425	136	459	137	493	152
19	18	150	52	154	86	109	120	132	154	186	188	139	222	164	256	136	290	145	324	155	358	145	392	151	426	158	460	146	494	145
20	19	132	53	143	87	131	121	167	155	156	189	148	223	147	257	149	291	126	325	144	359	141	393	160	427	145	461	166	495	139
21	20	142	54	182	88	176	122	154	156	149	190	149	224	131	258	163	292	181	326	119	360	128	394	132	428	145	462	143	496	175
22	21	164	55	139	89	143	123	144	157	140	191	136	225	133	259	154	293	145	327	173	361	171	395	158	429	136	463	160	497	151
23	22	128	56	144	90	159	124	136	158	124	192	152	226	127	260	152	294	158	328	135	362	135	396	120	430	151	464	158	498	163
24	23	164	57	123	91	156	125	149	159	146	193	133	227	146	261	141	295	170	329	151	363	175	397	140	431	158	465	136	499	148
25	24	148	58	193	92	133	126	143	160	143	194	146	228	174	262	166	296	168	330	148	364	138	398	169	432	145	466	168	500	154
26	25	146	59	144	93	152	127	155	161	151	195	148	229	140	263	151	297	154	331	151	365	189	399	157	433	145	467	148	501	191
27	26	145	60	151	94	154	128	145	162	167	196	153	230	169	264	105	298	173	332	194	366	148	400	147	434	137	468	106	502	148
28	27	154	61	103	95	170	129	156	163	157	197	148	231	144	265	143	299	146	333	143	367	114	401	184	435	152	469	139	503	154
29	28	144	62	148	96	131	130	145	164	151	198	153	232	187	266	166	300	148	334	149	368	130	402	129	436	151	470	135	504	183
30	29	154	63	131	97	148	131	134	165	123	199	144	233	123	267	119	301	119	335	139	369	159	403	151	437	143	471	146	505	136
31	30	143	64	157	98	152	132	144	166	140	200	147	234	147	268	143	302	168	336	116	370	144	404	162	438	144	472	168	506	148
32	31	135	65	141	99	154	133	135	167	146	201	150	235	140	269	145	303	154	337	148	371	159	405	129	439	137	473	141	507	154
33	32	140	66	146	100	164	134	145	168	146	202	136	236	160	270	119	304	119	338	116	372	144	406	162	440	137	474	115	508	183
34	33	135	67	140	101	148	135	145	169	168	203	136	237	160	271	119	305	119	339	116	373	144	407	162	441	137	475	115	509	183
35	34	114	68	156	102	164	136	156	170	156	204	160	238	123	272	160	306	160	340	140	374	156	408	145	442	143	476	145		

图2-8 表1-1中早熟温州蜜柑单株509个单果重观测值编号

应用随机数发生器选择离散和正态分布进行抽样，获得的随机样本有区别吗？

*4. 从表 1 - 1 的 509 个单果重观测值构成的总体中，如何使用 Excel 函数"RAND（）"或"RANDBETWEEN"随机抽取 25 个模拟观测值？（提示：注意加载分析工具库。）

注：带 * 的题难度较大，供学生选做。全书同。

实训 3 抽样误差分析与 t 检验原理

一、实训内容

使用 Excel 抽取单个随机样本，在抽样误差分析的实例中完成计算总体参数或样本特征数的任务；熟悉"A1"型（或"R1C1"型）Excel 表格的基本功能，掌握编算式或调用函数完成统计运算、分析抽样误差，进而完成单个样本平均数显著性检验的操作技巧。

二、Excel 中产生随机数的操作原理

使用新版本 Excel 是通过"文件/选项/加载项/分析工具库"转到"加载宏"对话框，勾选"分析工具库"。确定后再打开"数据"页点击如图 3-1 所示的"数据分析"之后，就可以选择"随机数发生器"获得所需要的随机数。随机数分布种类有均匀、正态、伯努利、二项式，等等。图 3-2 中 $n=25$ 的随机样本就是选择均匀分布先产生随机编号，如图 3-2 中 A、B 两列所示，然后将这些随机编号事先对应的单果重观测值填入 C 列得到。

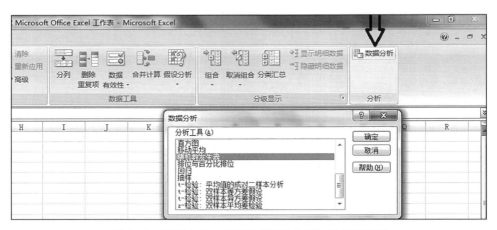

图 3-1 新版本 Excel 打开"数据分析"软件的路径

也可在加载宏分析工具库后，使用 RAND 或 RANDBETWEEN 函数产生随机数，如图 3-2 中 M 列所示。

还可以将 1～509 个编号用等差数列的录入方法从 C2 单元格开始录入 C 列，如图 3-3 所示（隐藏 18～507 行）。

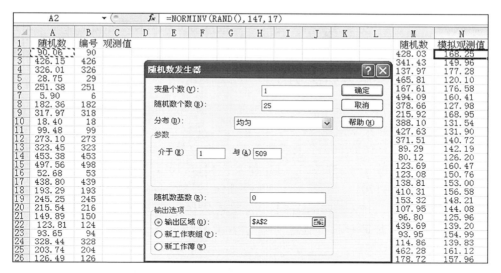

图3-2 使用随机数发生器或插入函数抽取单个随机样本的过程

图3-3 使用随机数发生器按离散分布抽取单个随机样本编号的过程

如图3-3所示，选定D2空单元格，编数字算式"＝1/509"，得到第一个概率值"0.001965"后往下拖拽至D510单元格。然后调用随机数发生器，对话框变量个数录入"1"，随机数个数录入"16"，分布类型选择"离散"，数值与概率输入区域录入"C2：D510"值域，输出区域选定E2空单元格，确定后得16个随机编码，如E2：E17值域所示。这样得到的随机编码无须后续再做四舍五入取整的操作。使用Excel 2003则按路径"工具/加载宏"勾选"分析工具库",确定加载后返回"工具"即可在下拉菜单见到"数据分析"。如果"加载宏"中没有"分析工具库"选项,可能是对 Excel 未进行完全安装所致,请使用原 Office 安装盘,对 Excel 进行完全安装即可。

三、抽样误差分析实例

[例 3-1] 仍以表 1-1 所示的总体为例,实际应用中为了方便,可按简易分组方式再整理成次数分布表(图 3-6),按加权法计算其总体参数 μ_0 和 σ_0 的近似值;将该总体的 509 个果实按图 2-8 全部编号后从中随机抽取 25 个单果重的观测值(图 3-2 和图 3-4)如下:131,152,144,144,145,179,141,147,144,170,144,136,135,146,182,137,140,164,152,135,144,156,173,146,134。试计算其样本平均数 $\bar{x}$ 及样本标准误 $s_{\bar{x}}$,结合总体参数进行抽样误差分析,计算获得该抽样误差的一尾和两尾概率。

【WPS 表格中按 t 分布进行抽样误差分析的操作步骤】

如图 3-4 所示,将 25 个单果重观察值输入空白工作表之 A2:B14,编算式或使用函数逐个计算。

(1) 选定 D2,调出函数"SUM",输入值域范围 A2:B14 后,确定得数据总和 $T=$"3721"。

(2) 选定 D3,调出函数"COUNT",输入值域范围仍为 A2:B14 后确定,得出样本容量 $n=$"25"。

(3) 选定 D4,调出函数"SQRT",输入值域范围 D3 后确定得 n 的平方根值"5"。

(4) 选定 D5,编算式"=D3-1",确定得样本自由度"24"。

(5) 选定 D6,调用函数"AVERAGE",选定值域范围 A2:B14 计算出样本平均数 $\bar{x}=$"148.84"。

(6) 选定 D7,根据图 3-5 总体平均数 μ_0 的计算结果编算式"=D6-147",确定后得到抽样误差 $\bar{x}-\mu_0=$"1.84"。

(7) 选定 D8,调用函数"DEVSQ",选定值域范围 A2:B14 计算出离均差平方和 $SS=$"4859.36"。

(8) 选定 D9,调用函数"VAR",选定值域范围 A2:B14 计算出样本均方 $s^2=$"202.47"。

(9) 选定 D10,调用函数"STDEV",选定值域范围 A2:B14 计算出样本标准差 $s=$"14.23"。

(10) 选定 D11,编算式"=D10/D6 * 100",确认得变异系数 $CV\%=$"9.56"。

STDEV.S		×　✓　f_x	=TDIST(D13, D5, 2)									
	A	B	C	D	E	F	G	H	I	J	K	L	M
1	单果重			计算结果								
2	131	146	数据总和	T	3721								
3	152	182	样本容量	n	25								
4	144	137	n的平方根	$\sqrt{n}$	5								
5	144	140	自由度	df	24								
6	145	164	样本平均数	$\bar{x}$	148.84								
7	179	152	抽样误差	$\bar{x}-\mu$	1.84								
8	141	135	离均差平方和	SS	4859.36								
9	147	144	样本方差	S^2	202.47333								
10	144	156	样本标准差	S	14.22931								
11	170	173	变异系数	CV%	9.56014								
12	144	146	样本标准误	$S_{\bar{x}}$	2.84586								
13	136	134	t值:	0.64655									
14	135		一尾概率:	0.26203									
15			两尾概率:	=TDIST(**D13**, **D5**, 2)									

函数参数

TDIST

数值X　D13 　= 0.646553
自由度　D5 　= 24
单/双(1/2)尾分布　2 　= 2

= 0.524057

返回学生t分布的百分点（概率），t分布用于小样本数据集合的假设检验。

数值X：用来计算t分布的数值。

计算结果 = 0.524057

查看函数操作技巧　　　　确定

图 3-4　用 Excel 表格计算获得某个抽样误差的一尾或两尾概率

（11）选定 D12，编算式"＝D10/D4"，确认得样本标准误 $s_{\bar{x}}=$ "2.846"。

（12）选定 D13，编算式"＝D7/D12"，确认得 $t=$ "0.65"。

（13）选定 D14，调用函数"TDIST"，对话框 3 行依次填入 $|t|$ 值"ABS（D13）"、自由度"D5"、一尾标志值"1"得一尾概率"0.26"。

（14）选定 D15，调用函数"TDIST"，对话框 3 行依次填入 $|t|$ 值"ABS（D13）"、自由度"D5"、两尾标志值"2"得两尾概率"0.52"。因为两尾概率未低于小概率 5%，由此判断本次抽样正常。（只有两尾概率小于 5%，才能认定抽样不正常！）

注：Excel 表格中，使用函数"T.DIST"：如果 $t<0$，所得左尾概率就是一尾概率；$t>0$，1 减去所得左尾概率后的右尾概率才是一尾概率；或者若 $t>0$，调用函数"T.DIST.RT"计算获得右尾概率即一尾概率；或者调用函数"T.DIST.2T"，对话框 2 行依次填入 $|t|$ 值"ABS（D13）"、自由度"D5"得两尾概率"0.52"。

❖ **上述抽样误差分析的操作结果归纳如下：**

（1）样本标准误 $S_{\bar{x}}=\underline{2.846}$，$\nu=\underline{24}$

（2）$P(|\bar{x}-\mu|\geqslant 1.84)=P(\bar{x}-\mu\leqslant -1.84)+P(\bar{x}-\mu\geqslant 1.84)$

$\qquad =P(|t|\geqslant 0.65)=P(t\leqslant -0.65)+P(t\geqslant 0.65)$

$\qquad =0.52$（两尾或双侧）$=0.26$（左尾）$+0.26$（右尾）

（3）判断：$\because P>0.05$　$\therefore$ 抽样正常

也可以根据两尾 $t_{0.05}$ 临界值"2.064"得到本次抽样的容许范围 $[-2.064,$ $2.064]$，然后参照表 2-2 的方法根据 $|t|$ 值的大小就足以判断出获得本次抽样误差的两尾概率不低于 5%，其抽样误差分析的示意图见图 3-5。

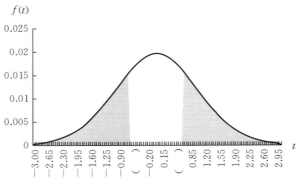

图 3 - 5　单个样本平均数抽样误差分析的示意图

提示与拓展

利用次数分布表的整理结果计算总体参数 μ_0 和 σ_0 的方法，参照图 1 - 2 使用加权法计算总体平均数和总体标准差的方法，将图 3 - 6 组中值 x 和次数 f 列的数据分别输入 Excel 表格空白工作表之 B、C 两列→以 f、x 各自的单元格地址编辑、拖拽算式完成 fx/N 列的计算→调用函数 "SUM"、编算式算出总体平均数 $\mu_0 \approx$ "146.98"→以组中值 x 列的单元格地址减 μ_0 的数值（编算式时将 μ_0 所在的单元格地址 E15 用 $ 固定!）编辑、拖拽算式计算误差 $x - \mu_0$ 列→以次数 f、$x - \mu_0$ 各自的单元格地址编辑、拖拽算式完成 $f(x-\mu_0)^2/N$ 列的计算→借助加权法计算总体平均数的优势，调用函数 "SUM"、编算式、再调用函数 "SQRT" 算出总体标准差 $\sigma_0 \approx$ "16.58"，过程如图 3 - 6 所示。公式如下：

$$\mu_0 = \frac{\sum_1^{13} f_i x}{N} = \sum_{i=1}^{13} p_i x_i = 146.98(\text{g})$$

$$\sigma_0 = \sqrt{\frac{\sum_{i=1}^{13} f_i (x_i - \mu_0)^2}{N}} = \sqrt{\sum_{i=1}^{13} p_i (x_i - \mu_0)^2} = 16.58(\text{g})$$

式中，p 表示同组单果重出现的次数占比。

也可利用图 3 - 5 算得的 σ_0 近似值 "16.58" 编算式算出 $|u| =$ "0.56"，调出统计类函数 "NORMDIST"，4 行依次填入 u 值 "－0.56"、总体平均数 "0"、标准差 "1" 及 TRUE 逻辑值 "1" 得左尾概率 "0.29"，即两尾概率 "0.58"。

	F2	▼	fx	=B2-$E$15			
	A	B	C	D	E	F	G
1	组限	组中值x	次数f	f /N	fx /N	x−μ₀	f(x−μ₀)²/N
2	80—	84.5	2	0.003929	0.3320	-62.4754	15.3367
3	90—	94.5	2	0.003929	0.3713	-52.4754	10.8199
4	100—	104.5	9	0.017682	1.8477	-42.4754	31.9007
5	110—	114.5	13	0.025540	2.9244	-32.4754	26.9362
6	120—	124.5	22	0.043222	5.3811	-22.4754	21.8334
7	130—	134.5	80	0.157171	21.1395	-12.4754	24.4616
8	140—	144.5	193	0.379175	54.7908	-2.4754	2.3235
9	150—	154.5	102	0.200393	30.9607	7.5246	11.3460
10	160—	164.5	39	0.076621	12.6041	17.5246	23.5310
11	170—	174.5	28	0.055010	9.5992	27.5246	41.6755
12	180—	184.5	13	0.025540	4.7122	37.5246	35.9631
13	190—	194.5	5	0.009823	1.9106	47.5246	22.1865
14	200—	204.5	1	0.001965	0.4018	57.5246	6.5011
15	合计		509	1	146.98		274.8152
16							16.58

图 3-6　使用蜜柑单株 509 个单果重次数分布简易计算总体参数

为什么计算获得某个抽样误差的概率一定要是两尾概率而不是中间概率？这和图 1-1 中观察 F_1 代糯性花粉粒这样的间断性变量时，B2：B22 值域算出来的概率接近真值（理论次数 10 粒）的概率大，远离真值的概率小，其实是一个道理。只要将图 1-1 中二项分布呈现的趋中性延伸到图 1-4 标准分布图中"两头低，中间高"的对称变化规律就好理解，也就是观察单果重这样的连续性变量时，样本平均数接近真值（总体平均数）的概率大，远离真值的概率小。换句话说，就是随机抽样获得一个绝对值小的抽样误差的概率大，获得一个绝对值大的抽样误差的概率小。所以只有算两尾概率才能体现这个规律，反映出随机抽样的代表性，计算中间概率则颠倒了这个规律。

四、单个样本平均数的显著性检验

[例 3-2] 已知室内空气的甲醛含量达到 $\mu_0 = 0.3\,\mathrm{mg/m^3}$ 为轻度污染，现检测一新搬迁小区住户的室内甲醛含量，共检测了 9 户，其测量值分别为 0.12、0.16、0.30、0.25、0.11、0.23、0.18、0.15、0.09，试检验该小区住户平均的室内空气甲醛含量是否低于轻度污染标准（彭明春，2022）？

【"A1"型 Excel 表格中的操作步骤提示】

Excel 分析工具中没有完成单个样本平均数 t 检验的模块，可借助"描述统计"模块实现，方法是将甲醛含量的观察值输入空白工作表之 A2：A10，如图3-7所示，打开"数据"页→右上角点开"数据分析"→选定"描述统计"→输入区域指定 A1：A10，分组方式选"逐列"→勾选"标志位于第1行"，"输出区域"选定 C1 并勾选"汇总统计"项，单击"确定"，得到如图3-7中C1：D15所示的结果。

图3-7　单个样本平均数按描述统计进行的一尾 t 检验过程

选定 B12，编算式"＝D3－0.3"算得抽样误差"－0.1233"；再选定 B13，编算式"＝B12/D4"得到 t 值"－5.2589"；最后选定 B14，调出函数"TDIST"，对话框依次填入"ABS（B13）"、自由度"8"、两尾标志值"1"得到一尾概率"0.00038"。

可见，抽样误差分析计算获得某个抽样误差的一尾或两尾概率的目的，就是因为应用中某个表面效应被假设成抽样误差后，便于判断其一尾或两尾概率是否小于 0.05，是则称之为达到显著水平。如本例一尾概率仅"0.00038"，远低于小概率标准，针对污染超标的假设 H_0：$\mu \geqslant \mu_0$（即否定低于污染标准的预期），表明室内空气抽样检测结果可以推断为 H_0 不成立，结论是甲醛含量显著低于轻度污染标准。

提示与拓展

将整理试验数据得到的表面效应假设成抽样误差，再计算获得这个抽样误差的两尾概率，即进行抽样误差分析，这就是显著性检验的原理，由此而来的显著性检验方法就称为两尾检验，或者双侧检验。但整理试验数据时表面效应经常会表现出倾向性，如本案例中新房装修后的9户甲醛含量的观测结果，装修材料会因业主选购和厂家质检两个环节有保健意识而产生低于污染标准的倾向，样本平均数小于污染标准的表面效应也暴露了这个倾向。这种倾向性就是本质差别，属于专业领域的真实信息，从统计学角度看称为附加知识，日常生活中被称为系统误差，不论有多么明显，都必须通过无效假设 H_0 予以否定。所以，带"="的无效假设不能再用，只有使用带"≤"或者"≥"的无效假设，才能否定这种倾向性，将表面效应假设成抽样误差。由于后续的抽样误差分析只需根据一尾概率是否为小概率来进行推断，所以叫一尾检验或者单侧检验。就同一资料既进行两尾检验，又进行一尾检验，可以区分两种检验方法的步骤有何差别，这是教学需要。实际应用中，表面效应有附加知识显示倾向性时，必须进行一尾检验，否则，只进行两尾检验。

❖ **上述一尾显著性检验的原理归纳如下：**

（1）H_0：_____（或 $\mu \geq 0.3 \, \text{mg/m}^3$）

（2）标准误 $S_{\bar{x}} = $ _____，$\nu = $ _____

（3）$P(\bar{x} - \mu \leq -0.1233) = P(\bar{x} - \mu \geq $ _____ $)$
$= P(t \leq $ _____ $) = P(t \geq 5.26) = 3.83 \times 10^{-4}$

（4）推断：∵ _____ ∴拒绝 H_0（或 H_0 不成立）

❖ **在无电脑计算概率的情况下，上述一尾显著性检验的原理归纳如下：**

（1）H_0：_____（或 $\mu \geq 0.3 \, \text{mg/m}^3$）

（2）∵标准误 $S_{\bar{x}} = $ _____ ∴$t = \dfrac{\bar{x} - \mu_0}{S_{\bar{x}}} = $ _____

（3）根据自由度 $\nu = $ _____，查附表得一尾 $t_{0.05} = 1.86$

（4）推断：∵ _____ ∴拒绝 H_0（或 H_0 不成立）

[**例 3-3**] 某鱼塘水中的含氧量经多年的观测，正常标准为 $\mu_0 = 4.5 \, \text{mg/L}$。现在该鱼塘设 10 个点采集水样，测得水中含氧量分别如图 3-8 中空白工作表值域 A2：A11 所示（李春喜，2016），检验该抽样检测结果是否符合正常含氧量标准？

本例操作方法可先参照图 3-8 得到值域 C1：D15 的汇总统计结果。然后按两尾检验的要求选定 B13，编算式"= D3 - 4.5"算得抽样误差"-0.079"；再选定 B14，编算式"=B13/D4"得到 t 值"-0.9357"；最后选定 B15，调出函数"T. DIST. 2T"，对话框依次填入"B14"、自由度"9"、得到两尾概率"0.3738"。

由于两尾概率"0.3738"，远高于小概率标准，针对含氧量正常的假设 H_0：$\mu = \mu_0$，表明含氧量抽样检测结果可以推断为 H_0 成立，结论是鱼塘水含氧量正常。

图 3-8 单个样本平均数按描述统计进行的两尾 t 检验过程

❖ **上述两尾显著性检验的原理归纳如下：**

（1）H_0：_____ （或 $\mu=4.5 \text{ mg/L}$）

（2）标准误 $S_{\bar{x}}=$_____，$\nu=$_____

（3）$P(|\bar{x}-\mu| \geqslant 0.079)=P(\bar{x}-\mu \leqslant$_____$)+P(\bar{x}-\mu \geqslant$_____$)$
$=P(|t| \geqslant 0.94)=P(t \leqslant$_____$)+P(t \geqslant$_____$)=0.3738$

（4）推断：$\because$_____ $\therefore$接受 H_0（或 H_0 成立）

❖ **在无电脑计算概率的情况下，上述两尾显著性检验的原理归纳如下：**

（1）H_0：_____ （或 $\mu=4.5 \text{ mg/L}$）

（2）$\because$标准误 $S_{\bar{x}}=$_____ $\therefore t=\dfrac{\bar{x}-\mu_0}{S_{\bar{x}}}=$_____

（3）按自由度 $\nu=$_____，查附表得两尾 $t_{0.05}=2.262$

（4）推断：$\because$_____ $\therefore$接受 H_0（或 H_0 成立）

上述针对单个样本平均数进行的显著性检验原理是先算出一尾或两尾概率，然后和小概率标准 0.05 进行比较，推断 H_0 是否成立。但实际操作通行的做法是在没有个人电脑应用 Excel 表格计算概率的历史条件下就已经形成的，所以，采取先根据一尾或两尾概率为 0.05 的小概率标准确定临界值 $t_{0.05}$，然后和算得的 $|t|$ 直接比较。若 $|t|<t_{0.05}$，即推断 H_0 成立；$|t|>t_{0.05}$，则推断 H_0 不成立。

本例显著性检验的示意图详见图 3-9。

五、作业与思考

1. 既然显著性检验的原理就是抽样误差分析，为什么会有试验资料不是

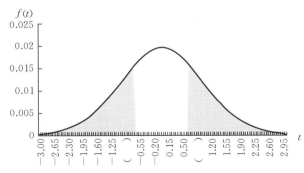

图 3-9 单个样本平均数显著性检验的示意图

判断两尾概率而一定要判断一尾概率是否为小概率?

2. 图 3-8 求 t 值后查算概率和图 3-4 的案例求 t 值后查算概率的意义有什么不同?抽样误差分析为什么一定要计算两尾概率而不是中间概率?

*3. 表 1-1 的数据已知 $\mu_0 = 147$,$\sigma_0 = 17$,使用 NORMINV(RAND(),147,17)模拟抽样,直接产生随机观测值,如图 3-2 中 N 列所示。此种方法和使用"随机数发生器"先抽取编号后测量单果重观测值获得随机样本的做法进行区分有何实际意义?

4. 根据图 3-4 例 3-1 的抽样误差分析过程,完成下列单选题:

(1)图 3-5 中横坐标刻度的两个括号内应该依次填写( )

A. -2.85,2.85 B. 0.26,0.26

C. -2.06,2.06 D. -0.65,0.65

(2)图 3-5 中两块阴影部分的面积应该合并称为( )

A. 两尾概率   B. 左尾概率   C. 右尾概率   D. 一尾概率

(3)例 3-1 判断抽样是否正常的小概率标准是( )

A. 0.1   B. 0.05   C. 0.01   D. 0

5. 根据图 3-8 例 3-3 的显著性检验过程,完成下列选择题:

(1)图 3-9 中横坐标刻度的两个括号内应该依次填写( )

A. -0.084,0.084 B. -0.94,0.94

C. -1.96,1.96 D. 0.37,0.37

(2)图 3-9 中两块阴影部分的面积应该依次称为( )

A. 区间概率   B. 左尾概率   C. 右尾概率   D. 两尾概率

(3)例 3-3 推断统计假设是否成立的显著水平是( )

A. 0.01   B. 0.025   C. 0.05   D. 5%

(4)显著性检验与抽样误差分析的区别是( )

A. 有统计假设   B. 无小概率标准

C. 有抽样误差   D. 无总体参数

实训 4 抽样试验与抽样误差分析

一、实训内容

就表 1-1 给定 $N=509$ 个柑橘单果重的观测值及整理得到的总体平均数 147 g，总体标准差 17 g，分别以样本容量 4、9、16、25 抽取样本，计算所有现场抽得样本的方差 s^2、离均差平方和 SS，结合小概率原理确定分位数区间，验证 F 分布和 χ^2 分布规律，并进行抽样误差分析。

二、按 F 分布进行抽样试验和抽样误差分析

沿用图 2-1 的工作表，将表 4-1 和表 4-2 各种抽样模型的样本容量换算成自由度后分别录入 A11：B15 和 E12：E15 值域，如图 4-1 所示。选定 C11 单元格，调出插入函数 "FINV"，对话框依次输入 "0.975" "A11" "B11"，确认后得到第一个分位数 F 下限值 "0.06477"，往下拖拽至 C15；再选定 D11 单元格，继续调出插入函数 "FINV"，对话框依次输入 "0.025" "A11" "B11"，确认后得到第一个分位数 F 上限值 "15.439"，往下拖拽至 D15。得到五种抽样 F 值的容许范围如图 4-1 中 C11：D15 值域所示。

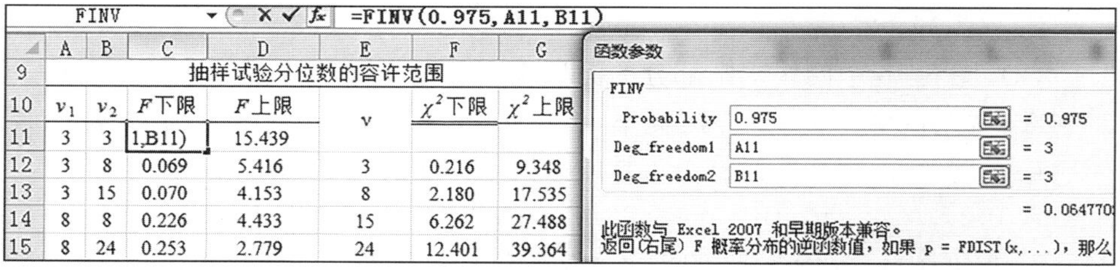

图 4-1 使用插入函数计算不同抽样模型分位数的容许范围

选定 F12 单元格，调出插入函数 "CHIINV"，对话框依次输入 "0.975" "E12"，确认后得到第一个分位数 χ^2 下限值 "0.216"，往下拖拽至 F15；再选定 G12 单元格，调出插入函数 "CHIINV"，对话框依次输入 "0.025" "E12"，确认后得到第一个分位数 χ^2 上限值 "9.348"，往下拖拽至 G15，得到 4 种抽样模型 χ^2 值的容许范围如图 4-1 中 F12：G15 值域所示。

【Excel 中抽取随机配对样本进行抽样试验的操作步骤】

（1）沿用图 2-6 的方法抽取两组 $n=4$ 的 20 个随机样本，如图 4-2 所示。选定空单元格 E6，调出函数 "VAR"，对话框显示 E2：E5（存放计算结果的空单元格选得恰当，默认的单元格地址范围就不需修改）。确定后再使用

权柄复制往右连续填充到 X6 显示"87"为止，得到第一组的 20 个样本方差 s_1^2（隐藏 RSTUVW 列）。

（2）选定 E12，调出函数"VAR"，对话框录入 E8：E11，确定后再使用权柄复制往右连续填充到 X12 显示"63.3"为止，得到第二组的 20 个样本方差 s_2^2。

（3）选定 E14，编算式"＝E6/E12"计算出第 1 个 F 值"0.66"，使用权柄复制往右连续填充到 X14 显示"1.37"为止，得到共 20 对随机样本的 F 值。

（4）使用条件格式录入容许范围的区间端点值"0.0648"和"15.44"，将没有超范围的 F 值以不同底色（如绿色）显示，发现图 4-2 中 n＝4 的随机样本对所得 F 值仅 Q 列"20.3"不在表 4-1 之 0.0648～15.44 的范围内，所以，在表 4-1 样本容量都为 4 的那一行"超范围 F 值"栏目下填写"20.3"，"容许范围样本对数"栏目下填写"19"，"容许范围占比"栏目下填写"95"。

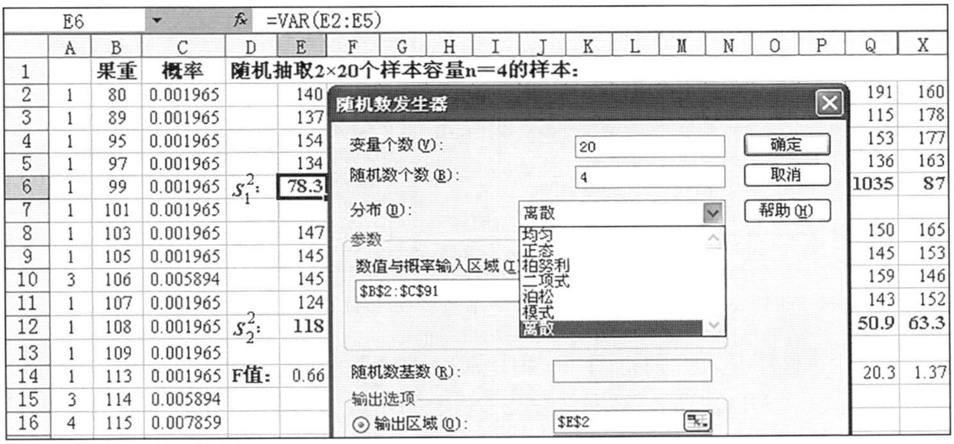

图 4-2　随机抽取 20 对样本计算 F 值的操作过程

（5）参照上述步骤（1）（2）（3），按样本容量 4、9、16、25 任意组合各抽取 20 对样本后，使用权柄复制算出 F 值，记录超出对应分位数区间的 F 值，完成表 4-1 中（　　）的空缺内容。

表 4-1　不同样本容量 F 值的抽样试验结果

n_1	n_2	s_1^2/s_2^2	分位数下限	分位数上限	超范围 F 值	容许范围样本数/对	容许范围占比/%
4	4	（　）/（　）	0.0648	15.44	（20.3）	（19）	（95）
4	9	（　）/（　）	0.0688	5.416	（　）	（　）	（　）
4	16	（　）/（　）	0.0702	4.153	（　）	（　）	（　）
9	9	（　）/（　）	0.2256	4.433	（　）	（　）	（　）
9	25	（　）/（　）	0.2533	2.779	（　）	（　）	（　）

注：相同样本容量每次随机抽取 20 对样本，使用"FINV"确定分位数区间。

【Excel 中按 *F* 分布进行抽样误差分析的操作步骤】

(1) 进入 Excel 任一空白工作表，点开如图 3 - 1 所示的“数据分析”之后，选择“随机数发生器”，“变量个数”填写“2”，“随机数个数”填写“10”、“分布”类型选择“均匀”，参数介于“1”与“509”，“随机数基数”填写“0”，“输出区域”点选“A2”单元格，确定后得到两列 $n=10$ 的随机数，如图 4 - 3 所示。

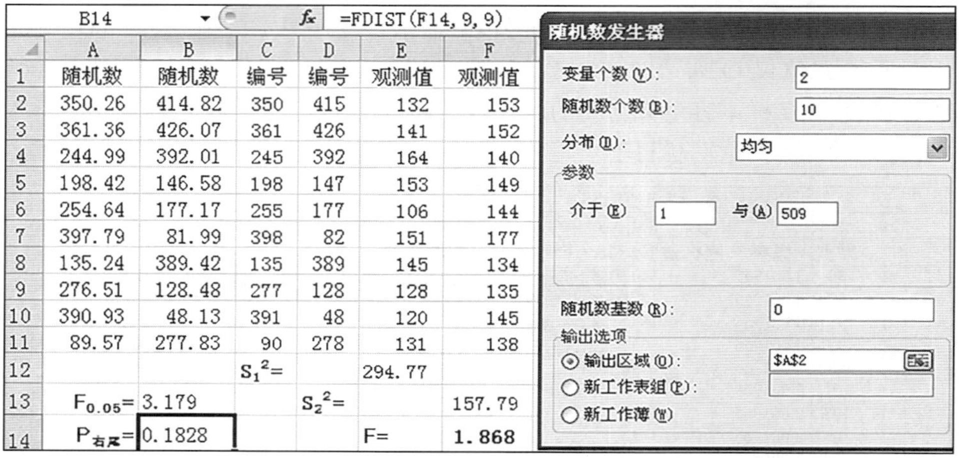
B14 =FDIST(F14, 9, 9)

	A	B	C	D	E	F
1	随机数	随机数	编号	编号	观测值	观测值
2	350.26	414.82	350	415	132	153
3	361.36	426.07	361	426	141	152
4	244.99	392.01	245	392	164	140
5	198.42	146.58	198	147	153	149
6	254.64	177.17	255	177	106	144
7	397.79	81.99	398	82	151	177
8	135.24	389.42	135	389	145	134
9	276.51	128.48	277	128	128	135
10	390.93	48.13	391	48	120	145
11	89.57	277.83	90	278	131	138
12			S_1^2=		294.77	
13	$F_{0.05}$=	3.179		S_2^2=		157.79
14	$P_{右尾}$=	0.1828			F=	**1.868**

图 4 - 3　随机抽取两个独立样本按 *F* 分布计算右尾概率的过程

(2) 按四舍五入规则将图 4 - 3 中 A2：B11 取整数，得到两列随机编号如值域范围 C2：D11 所示，视其为图 2 - 8 中的单果重编号，将其对应的单果重观测值录入值域范围 E2：F11。

(3) 选定单元格 E12，调出函数“VAR”，点选值域范围 E2：E11 后算得样本 1 的方差 $s_1^2=$ “294.77”，再选定 F13，继续调用函数“VAR”，点选值域范围 F2：F11 后算得样本 2 的方差 $s_2^2=$ “157.79”。

(4) 选定 F14，编算式“=E12/F13”，确定得到方差比 *F* 值“1.868”，方差比 *F* 值只能选择方差比大于 1 的算法，即 $s_{大}^2/s_{小}^2$，与应用中的右尾检验一致。

(5) 选定 B14，调用函数“FDIST”，对话框首行点选 F14 单元格，其他两行输入两个自由度“9”，确认得到右尾概率“0.1828”。该右尾概率未低于 5%，于是判断本次抽样正常。

❖ **上述抽样误差分析的操作结果归纳如下：**

(1) $s_{大}^2=\underline{294.17}$，$s_{小}^2=\underline{157.79}$，$\nu_1=\underline{9}$，$\nu_2=\underline{9}$

(2) $\because F=s_{大}^2/s_{小}^2=\underline{1.868}$，$\therefore P(F\geqslant\underline{1.868})=\underline{0.1828}$

（3）判断：$\because P > 0.05$，$\therefore$ 抽样正常

也可以根据 B13 的右尾 $F_{0.05}$ 临界值"3.179"判断出获得本次抽样误差的右尾概率不低于小概率标准 5%，之所以不按表 4-1 用两尾概率 0.05 确定容许范围 ［0.2256，4.433］进行判断，是因为应用中按惯例有使用大方差作为分子计算方差比 F 值的倾向，故把 0.05 的小概率标准全部作为右尾概率查算 $F_{0.05}$ 临界值。本例抽样误差分析的示意图详见图 4-7。

三、按 χ^2 分布进行抽样试验和抽样误差分析

【Excel 中抽取随机样本计算 χ^2 值的操作步骤提示】

（1）沿用图 4-2 已抽得 $n=4$ 的第二组随机样本，选定空单元格 E16，调出函数"DEVSQ"，对话框录入 E8：E11，确定后再使用权柄复制往右连续填充到 X16 显示"190"为止，得到 20 个样本的离均差平方和 SS（简称"平方和"），如图 4-4 所示。

E16		▼	f_x =DEVSQ(E8:E11)													
	A	B	C	D	E	F	G	O	P	Q	R	S	T	U	V	W	X
1		果重	概率	随机抽取20个样本容量n=4的样本:													
8	1	103	0.001965		147	153	99	140	147	150	154	168	154	146	115	154	165
9	1	105	0.001965		145	144	141	151	148	145	164	159	142	146	136	106	153
10	3	106	0.005894		145	125	160	152	142	159	131	140	175	146	145	124	146
11	1	107	0.001965		124	158	149	164	130	143	141	251	159	155	146	151	152
12	1	108	0.001965	s_2^2:	118	211	711	96	68	50.9	210	2408	187	20	207	524	63.3
13		109	0.001965														
14	1	113	0.001965	F值:	0.66	0.202	0.05	3.42	5.08	20.3	1.09	0.119	1.9	0.14	5.666	0.3	1.37
15	3	113	0.005894														
16	4	115	0.007859		355	634	2133	289	205	153	629	7225	561	60.8	621	1573	190
17	1	116	0.001965														
18	1	117	0.001965	x²值:	1.23	2.19	7.4	1	0.7	0.53	2.2	25	1.9	0.2	2.15	5.4	0.66

图 4-4　随机抽取 20 个样本计算 χ^2 值的操作过程

（2）选定 E18，编算式"＝E16/289"计算出第 1 个 χ^2 值"1.23"，使用权柄复制往右连续填充到 X18 显示"0.66"为止，得到共 20 个随机样本的 χ^2 值（隐藏 HIJKLMN 列）。

（3）使用条件格式录入容许范围的区间端点值"0.216"和"9.348"，将没有超范围的 χ^2 值以不同底色（如绿色）显示，发现图 4-4 中 $n=4$ 的随机样本所得 χ^2 值仅 S 列"25"不在表 4-2 之 0.216～9.348 的范围内，所以，在表 4-2 样本容量为 4 的那一行"超范围 χ^2 值"栏目下填写"25"，"容许范围样本数"栏目下填写"19"，"容许范围占比"栏目下填写"95"。

（4）参照上述步骤（1）（2）（3），分别按样本容量 9、16、25 各抽取 20 个样本后，使用权柄复制算出 χ^2 值，记录超出对应分位数区间的 χ^2 值，完成

表 4 - 2 中（　　）的空缺内容。

表 4 - 2　不同样本容量 χ^2 值的抽样试验结果

n	SS/σ_0^2	分位数下限	分位数上限	超范围 χ^2 值	容许范围样本数/个	容许范围占比/%
4	（　）$/17^2$	0.216	9.348	（　25　）	（　19　）	（　95　）
9	（　）$/17^2$	2.18	17.53	（　）	（　）	（　）
16	（　）$/17^2$	6.262	27.49	（　）	（　）	（　）
25	（　）$/17^2$	12.4	39.36	（　）	（　）	（　）

注：相同样本容量每次随机抽取 20 个样本，使用"CHINV"确定分位数区间。

【"A1"型 Excel 表格中的按 χ^2 分布进行抽样误差分析的操作步骤】

（1）进入 Excel 任一空白工作表，点击进入"数据分析/随机数发生器"，"变量个数"填写"1"，"随机数个数"填写"6"，"分布"类型选择"均匀"，参数介于"1"与"509"，"随机数基数"填写"0"，"输出区域"点选"A2"单元格，确定后得到一列 $n=6$ 的随机数，如图 4 - 5 所示。

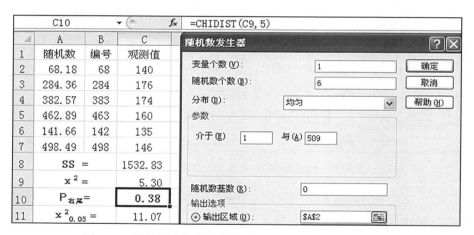

图 4 - 5　随机抽取单个样本按 χ^2 分布计算右尾概率的过程

（2）按四舍五入规则将图 4 - 5 中 A2：A7 取整数，得到一列随机编号如值域范围 B2：B7 所示，视其为图 2 - 8 中的单果重编号，将其对应的单果重观测值录入值域范围 C2：C7。

（3）选定单元格 C8，调出函数"DEVSQ"，输入值域范围 C2：C7 后确定得样本离均差平方和 $SS=$ "1532.83"，再选定 C9，编算式"=C8/289"，确定后得样本 $\chi^2=$ "5.30"。

（4）选定 C10，调用函数"CHIDIST"，对话框首行点选 C9 单元格，第二行输入自由度"5"，确定后得到右尾概率"0.38"。该右尾概率未低于5%，于是判断本次抽样正常。

❖ **上述抽样误差分析的操作结果归纳如下：**

（1）$SS = \underline{1532.83}$，$\sigma_0^2 = 289$，$\nu = \underline{5}$

（2）$\because \chi^2 = SS / \sigma_0^2 = \underline{5.30}$　$\therefore P(\chi^2 \geqslant \underline{5.30}) = 0.38$

（3）判断：$\because P > 0.05$，$\therefore$ 抽样正常

也可以根据C11，调用函数"CHIINV"算得右尾$\chi_{0.05}^2$临界值"11.07"判断出获得本次抽样误差的右尾概率不低于小概率标准5%。之所以不按表4－2用两尾概率0.05确定容许范围的方法进行判断，是因为应用中χ^2分布和F分布一样，按惯例有用来进行右尾检验的倾向，所以把0.05的小概率标准全部作为右尾概率查算$\chi_{0.05}^2$临界值。本例抽样误差分析的示意图详见图4－8。

四、作业与思考

1. 容许范围和接受区域能否视为同一概念，说明理由。

2. 为什么表2－1、表2－2、表4－1、表4－2得到的蒙迪卡罗的抽样试验结果中，不在中间概率为95%的分位数区间的样本数不一定仅限1个？（答案见图4－6。）

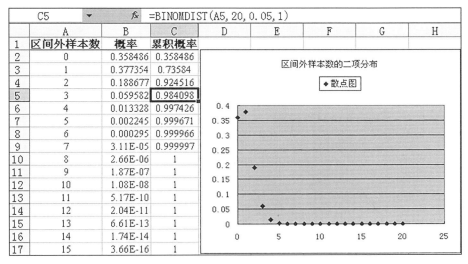

图4－6　抽样试验指定区间外样本数的概率分布

3. 根据图4－3的抽样误差分析过程，完成下列单选题：

（1）图4－7中横坐标刻度的括号内应该填写（　　　）

A. 0.1868　　　　　B. 3.179　　　　　C. 1.868　　　　　D. 0.05

（2）图 4-7 中阴影部分的面积应该称为（　　　　）

A. 一尾概率　　　　B. 左尾概率　　　　C. 右尾概率　　　　D. 两尾概率

（3）本例判断抽样是否正常计算 F 值的前提是（　　　　）

A. 分母自由度大　　　　　　　　　B. 分子自由度大

C. 分母方差大　　　　　　　　　　D. 分子方差大

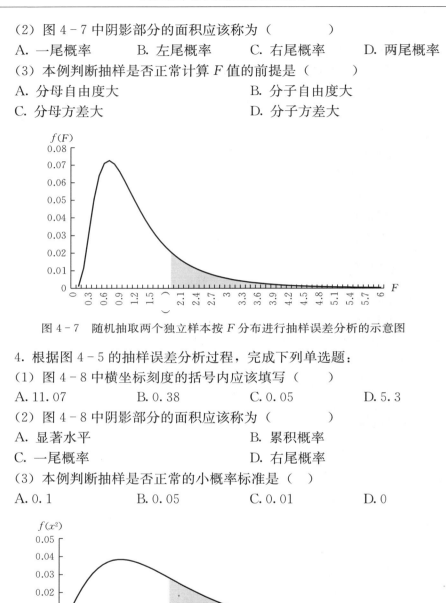

图 4-7　随机抽取两个独立样本按 F 分布进行抽样误差分析的示意图

4. 根据图 4-5 的抽样误差分析过程，完成下列单选题：

（1）图 4-8 中横坐标刻度的括号内应该填写（　　　）

A. 11.07　　　　B. 0.38　　　　C. 0.05　　　　D. 5.3

（2）图 4-8 中阴影部分的面积应该称为（　　　　）

A. 显著水平　　　　　　　　　　B. 累积概率

C. 一尾概率　　　　　　　　　　D. 右尾概率

（3）本例判断抽样是否正常的小概率标准是（　　）

A. 0.1　　　　B. 0.05　　　　C. 0.01　　　　D. 0

图 4-8　随机抽取单个样本按 χ^2 分布进行抽样误差分析的示意图

5. 使用 WPS 函数"CHIDIST"，设定恰当的横坐标刻度值，生成 χ^2 分布（自由度选 2、3、5、8、15，见图 4-9）的概率分布图。

【用 WPS 插入函数 χ^2 分布曲线图的操作方法提示】

（1）首行标注不同样本自由度 df，第 2 行标注 χ^2 值概率和概率密度，A 列输入恰当的 χ^2 值 0.00、0.25、0.50、…、12.25，如图 4-9 所示。

B4		f_x	=CHIDIST(A4, 2)							

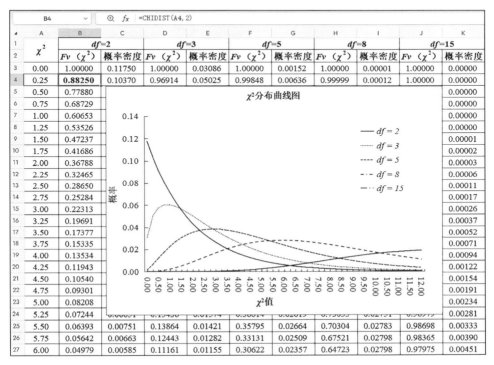

χ^2	df=2		df=3		df=5		df=8		df=15	
	Fv(χ^2)	概率密度	Fv(χ^2)	概率密度	Fv(χ^2)	概率密度	Fv(χ^2)	概率密度	Fv(χ^2)	概率密度
0.00	1.00000	0.11750	1.00000	0.03086	1.00000	0.00152	1.00000	0.00001	1.00000	0.00000
0.25	**0.88250**	0.10370	0.96914	0.05025	0.99848	0.00636	0.99999	0.00012	1.00000	0.00000
0.50	0.77880									0.00000
0.75	0.68729									0.00000
1.00	0.60653									0.00000
1.25	0.53526									0.00000
1.50	0.47237									0.00001
1.75	0.41686									0.00003
2.00	0.36788									0.00006
2.25	0.32465									0.00011
2.50	0.28650									0.00017
2.75	0.25284									0.00026
3.00	0.22313									0.00037
3.25	0.19691									0.00052
3.50	0.17377									0.00071
3.75	0.15335									0.00094
4.00	0.13534									0.00122
4.25	0.11943									0.00154
4.50	0.10540									0.00191
4.75	0.09301									0.00234
5.00	0.08208									0.00281
5.25	0.07244	0.00691	0.15450	0.01974	0.36014	0.02819	0.73655	0.02751	0.98979	0.00281
5.50	0.06393	0.00751	0.13864	0.01421	0.35795	0.02664	0.70304	0.02783	0.98698	0.00333
5.75	0.05642	0.00663	0.12443	0.01282	0.33131	0.02509	0.67521	0.02798	0.98365	0.00390
6.00	0.04979	0.00585	0.11161	0.01155	0.30622	0.02357	0.64723	0.02798	0.97975	0.00451

图 4-9 不同自由度的 χ^2 分布曲线图

（2）选定 B3 后，"公式"中点开"f_x"函数"CHIDIST"，对话框 3 行依次填入 χ^2 值 A3、自由度"2"得右尾概率值"1.00000"，继续往下拖拽就可以得到 0.88250、0.77880、…、0.00219 等 50 个右尾概率值。

（3）选定 C3，编算式"＝B3－B4"计算第 1 个宽度为 0.25 的横抽区间上的概率密度，得"0.11750"，再使用权柄复制往下连续填充到 C51 显示"0.00029"为止，得到其余 49 个概率密度值。

（4）参照上述步骤（2），调出函数"CHIDIST"，对话框第 1 行仍填入 χ^2 值 A3，只将第 1 行的自由度值分别更改为"3""5""8"和"15"算出 D、F、H 和 J 4 列的各 50 个右尾概率值。

（5）参照上述步骤（3），编算式算出第 1 个宽度为 0.25 的横抽区间上的概率密度后，再使用权柄复制得到 E、G、I 和 K 4 列各 49 个概率密度值。

（6）删除属于文字标志的第 1、2 行，使用 Ctrl 全选 C、E、G、I、K

5 列，点击"插入"进入图表向导，图表类型选"折线图"，生成 5 种不同样本自由度的 χ^2 分布曲线图。

（7）选中横坐标，右击鼠标，点击"选择数据"，点击轴标签中的编辑，选择横坐标值域 A1：A52，点击确定。

实训 5 抽样分析与等方差条件下的 t 检验

一、实训内容

使用电子表格依据勾股定理算出给定总体中进行双样本抽样试验的容许范围，并依据 t 分布进行抽样试验和抽样误差分析；使用 Excel 或 WPS 依据 t 分布（还有 F 分布）进行显著性检验操作步骤编程，根据同一组小样本数据在 Excel 或 WPS 环境中演练双样本等方差条件下的一尾检验与两尾检验。

二、同一总体中抽取双样本的 Monte-Carlo 抽样试验

[例 5-1] 仍就表 1-1 给定 $N=509$ 个柑橘单果重的观测值，分别以样本容量 4、9、16、25 抽取样本，任意两个构建成对随机样本后，计算成组数据的双样本平均数的差数（简称"差数"）、差数标准误等，结合小概率原理确定差数的分位数区间，体验双样本差数的 t 分布规律。

成组数据指完全随机设计的两个处理，各试验单位彼此独立，不论两个处理的样本容量是否相同，所得数据皆称为成组数据。

沿用图 4-1 的工作表，将表 5-1 各种双样本抽样模型的样本容量录入 A19：B23 值域，选定 C19 单元格，编算式"=1/A19+1/B19"，确认后得到第一个倒数和"0.5"，往下拖拽至 C23 单元格；再选定 D19 单元格，调出函数"SQRT"，由于总体方差 $\sigma_0^2=17^2$，对话框编算式"C19*289"，确定后得到第一个差数的总体标准误 $\sigma_{\bar{x}_1-\bar{x}_2}=$"12.021"，再使用权柄复制往下连续填充到 D23 显示"6.608"为止，得到所有抽样模型的差数标准误，如图 5-1 中 D19：D23 值域所示。

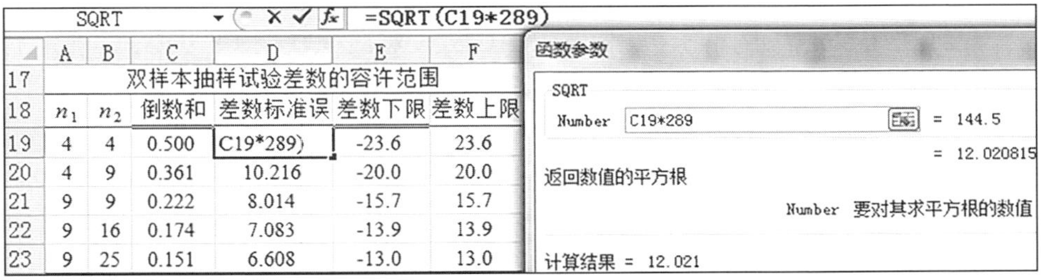

图 5-1 使用插入函数计算双样本不同抽样模型差数的容许范围

选定 E19 单元格，编算式"=-1.96*D19"，确认后得到第一个差数下

限"－23.6",往下拖拽至 E23 单元格;再选定 F19 单元格,编算式"＝1.96＊D19",确认后得到第一个差数上限"23.6",往下拖拽至 F23 单元格,得到所有抽样模型差数的容许范围,如图 5－1 中 E19:F23 值域所示。

【Excel 就表 1－1 的单果重观测值抽取成对随机样本的操作步骤】

(1) 沿用表 1－1 中 B2:C91 的次数分布资料,抽取两组 $n=4$ 的 20 个随机样本,如图 5－2 值域 B2:X12 所示。选定空单元格 E6,调出函数"AVERAGE",对话框显示 E2:E5;确定后再使用权柄复制往右连续填充到 X6 显示"153.5"为止,得到第一组的 20 个样本平均数 $\bar{x}_1$(隐藏 IJKLM-NOPQR 列)。

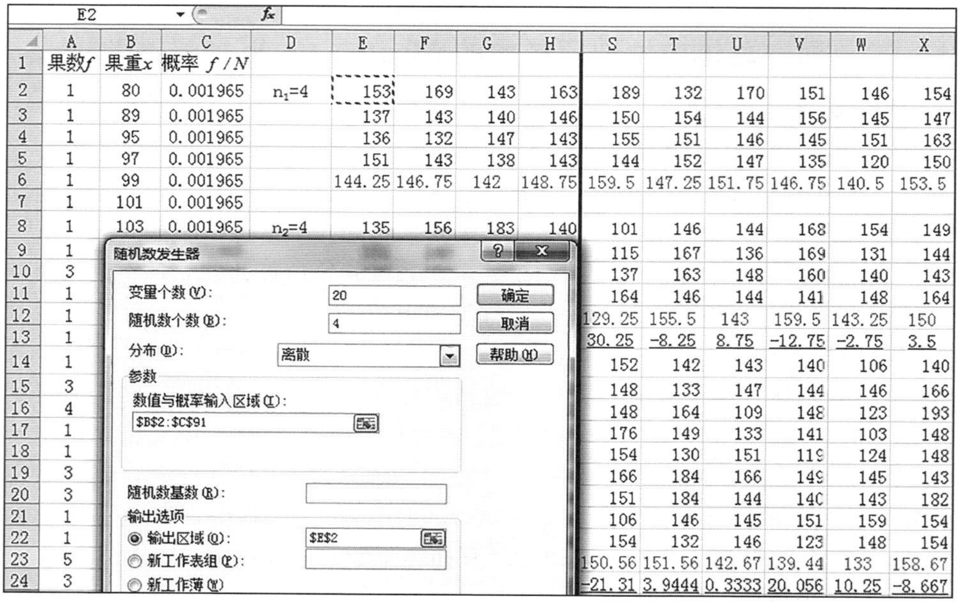

图 5－2 同一总体中抽取双样本的 Monte－Carlo 抽样试验过程

(2) 选定 E12,调出函数"AVERAGE",对话框默认 E8:E11,确定后再使用权柄复制往右连续填充到 X12 显示"150"为止,得到第二组的 20 个样本平均数 $\bar{x}_2$。

(3) 选定 E13,编算式"＝E6－E12"计算出第 1 个差数 $\bar{x}_1-\bar{x}_2$"1.25",使用权柄复制往右连续填充到 X13 显示"3.5"为止,得到共 20 对随机样本的平均数的差数。

(4) 使用条件格式录入容许范围的区间端点值"－23.6"和"23.6",将没有超范围的差数以不同底色(如绿色)显示,发现图 5－2 中 $n=4$ 的随机样本对所得差数仅 S 列"30.25"不在表 5－1 之－23.6～23.6 的范围内,所以,在表 5-1 样本容量都为 4 的那一行"超范围差数"栏目下填写"30.25","容许范围样本对数"栏目下填写"19","容许范围占比"栏目下填写"95"。

（5）参照上述步骤（1）（2）（3），按样本容量 4、9、16、25 任意组合各抽取 20 对样本后，使用权柄复制算出 20 个差数，记录超出对应差数区间的差数个数，完成表 5-1 中（ ）的空缺内容。

表 5-1 给定总体双样本差数的 Monte-Carlo 抽样试验结果

n_1	n_2	标准误	差数下限	差数上限	超范围差数	容许样本数/对	占比/%
4	4	12.0	−23.6	23.6	30.25	19	95
4	9	10.2	−20	20	−21.3 20.1	18	90
9	9	8.0	−15.7	15.7	（ ）	（ ）	（ ）
9	16	7.1	−13.9	13.9	（ ）	（ ）	（ ）
9	25	6.6	−13.0	13	（ ）	（ ）	（ ）

三、同一总体抽取两个随机样本的抽样误差分析

[例 5-2] 仍以表 1-1 所示的总体为例，实际应用中已将该总体的 509 个果实按图 2-8 全部编号，并且从中随机抽取 25 个单果重的观测值（图 3-2 和图 3-4）。现继续利用图 2-8 已编号的总体资料再从中随机抽取 16 个单果重的观测值，试计算两个随机样本平均数的差数 $\bar{x}_1 - \bar{x}_2$ 及差数标准误 $s_{\bar{x}_1 - \bar{x}_2}$，以及获得该抽样误差的一尾和两尾概率。

【Excel 表格中按 t 分布进行抽样误差分析的操作步骤】

如图 5-3 所示，参照图 3-2 的方法随机抽取 16 个随机编号，然后删掉 A、B、C、D 4 列，模拟应用中的随机抽样，按图 3-4 所示的方法从图 2-8 中确定 16 个单果重的随机观测值，录入图 5-3 的 B2：B17 值域，以此为随机样本二，图 3-4 中的 25 个观测值为随机样本一，编算式或使用 Excel 函数完成同一总体抽取两个随机样本的抽样误差分析，得到图 5-3 的 D2：D17 的计算结果。

（1）在 D2 和 D3 空单元格中录入两个样本容量，即 n_1 = "25"，n_2 = "16"。

（2）选定 D4，编算式"＝1/D2＋1/D3"算出两样本容量的倒数和：$(1/n_1 + 1/n_2)$ = "0.1025"。

（3）选定 D5，编算式"＝D2－1"，确认后得样本一的自由度"24"，再权柄复制到 D6 中得样本二的自由度"15"，并在 D7 中算出合并自由度 $\nu_1 + \nu_2$ = "39"。

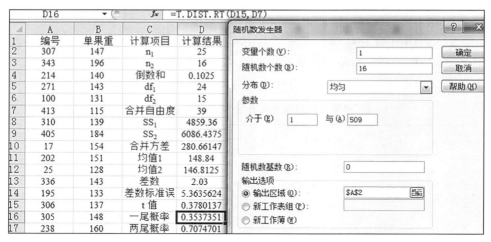

图 5-3　同一总体抽取两个随机样本的抽样误差分析过程

（4）在 D8 中录入图 3-4 中样本一的离均差平方 $SS_1=$ "4859.36"，选定 D9，调用函数 "DEVSQ"，选定值域范围 B2：B17 计算出样本二的离均差平方和 $SS_2=$ "6086.44"。

（5）选定 D10，编算式 "=（D8+D9）/D7" 算出合并方差 $s_e^2=$ "280.66"。

（6）在 D11 中录入样本一的平均数 $\bar{x}_1=$ "148.84"，选定 D12，调用函数 "AVERAGE"，选定值域范围 B2：B17 计算出样本二的平均数 $\bar{x}_2=$ "146.81"。

（7）选定 D13，编算式 "=D11-D12"，确定后得到抽样误差 $\bar{x}_1-\bar{x}_2=$ "2.03"。

（8）选定 D14，调用函数 "SQRT"，对话框中编算式 "D10 * D4"，确认后得出两个随机样本的差数标准误 $s_{\bar{x}_1-\bar{x}_2}=$ "5.364"。

（9）选定 D15，编算式 "=D13/D14"，确认得 $t=$ "0.378"。

（10）选定 D16，调用函数 "T. DIST. RT"，对话框两行依次填入 t 值 "D15"（$t>0$）或 "-D15"（$t<0$）、合并自由度 "D7"，得一尾概率 "0.3537"。

（11）选定 D17，调用函数 "T. DIST. 2T"，对话框两行依次填入 t 值 "D15"（$t>0$）或 "-D15"（$t<0$）、合并自由度 "D7"，得两尾概率 "0.7075"。因为两尾概率未低于小概率 5%，由此判断本次抽样正常。

若使用函数 "T. DIST"：$t<0$，所得左尾概率就是一尾概率；$t>0$，1 减去所得左尾概率后的右尾概率才是一尾概率。

❖ **以上两个随机样本进行抽样误差分析的操作结果归纳如下：**

（1）差数标准误 $s_{\bar{x}_1-\bar{x}_2}=\underline{5.364}$，$\nu_1+\nu_2=\underline{39}$

（2）$P(|\bar{x}_1 - \bar{x}_2| \geqslant 2.03) = P(\bar{x}_1 - \bar{x}_2 \leqslant -2.03) + P(\bar{x}_1 - \bar{x}_2 \geqslant 2.03)$

$= P(|t| \geqslant 0.378) = P(t \leqslant -0.378) + P(t \geqslant 0.378)$

$= 0.7075$（两尾或双侧）$= 0.3537$（左尾）$+ 0.3537$（右尾）

（3）判断：$\because P > 0.05$ $\therefore$ 抽样正常。也可以根据合并自由度"39"，查得两尾 $t_{0.05}$ 临界值"2.021"判断出获得本次抽样误差的两尾概率不低于 5%，其抽样误差分析的示意图详见图 5-6。

提示与拓展

也可利用双样本来自同一总体抽样（即双样本等方差）的前提条件，用表 1-1 算得的 $\sigma_0 = 17$ g 编算式先算出差数的总体标准误 $\sigma_{\bar{x}_1 - \bar{x}_2} =$ "5.443"，再算出 $|u| = 0.372$，调出统计类函数"NORMSDIST"，对话框填入 u 值"−0.372"，确认得左尾概率"0.35"，即两尾概率"0.70"。

四、试验资料及上机操作

[例 5-3] 从前作喷洒过有机砷杀雄剂的麦田中随机取 4 株植株各测定砷的残留量得 7.5、9.7、6.8 和 6.4 mg，又测定对照田的 3 株样本，得砷含量为 4.2、7.0 及 4.6 mg。（1）已知喷有机砷只能使株体的砷含量增高，绝不会降低，试测量其显著性；（2）用两尾测验。将测验结果和（1）比较，并予以阐释（万海清，2011）。

【Excel 表格中的编程实现双样本等方差条件下的 t 检验】

（1）在"A1"型 Excel 表格空白工作表之 A 列输入 7.5、9.7、6.8 和 6.4，B 列输入 4.2、7.0 及 4.6，如图 5-4 所示。然后选定 A16，点击 "fx"，调出函数"VAR"，确认计算均方 s^2 的值域为 A1：A15 后回车，得到 "2.17"即 s_1^2，再使用权柄复制到 B16，得到"2.29"即 s_2^2。

（2）选定 A17，调出"AVERAGE"，修改计算样本平均数 $\bar{x}$ 的值域，仍为 A1：A15 后回车，得到"7.6"，继续将鼠标移至该单元格右下角，往右拖拽至 B17，得到"5.27"。

（3）选定 A18，调出"COUNT"，选准 A 列值域 A1：A15 后回车，得到 "4"即 n_1，再使用权柄复制到 B18，得到"3"即 n_2；然后选定 A19，按"="后选定 A18 的"4"，按下"−1"后回车得自由度"3"；再使用权柄复制到 B19，得到自由度"2"。

（4）选定 C16，编算式"=B16/A16"算出 F 值"1.06"，再选定 C19，调出"F.DIST.RT"（或"FDIST"），依次输入 C16、B19、A19 三个值域，得到右尾概率 $P =$ "0.45"。

（5）选定 C17，编算式算出样本平均数差数 $\bar{x}_1 - \bar{x}_2 =$ "2.33"；再选定 C18，编算式 "$=1/A18+1/B18$" 算出两样本容量的倒数和 $(1/n_1 + 1/n_2) =$ "0.5833"。

（6）选定 A20，编算式 "$=A19*A16+B19*B16$" 算出合并平方和 $SS_1 + SS_2$；选定 B20，编算式 "$=A19+B19$" 算出合并自由度 $\nu_1 + \nu_2$；再选定 C20 编算式 "$=A20/B20$" 算出 $s_e^2 =$ "2.22"。

（7）选定 C21，调用 "SQRT" 按 "双样本等方差" 的公式④（附录二）算出差数标准误 $s_{\bar{x}_1 - \bar{x}_2} =$ "1.137"。

（8）继续选定 C22，编算式 "$=C17/C21$" 计算出 $t =$ "2.05"。

（9）选定 C23，调出 "TDIST"，依次输入 C22、B20 两个值域，因为喷有机砷只能使株体的砷含量增高是常理，本例只能以一尾测验的结果为准，所以第三行填入 "1" 得到一尾概率 "0.0477"，达到 0.05 显著水平，表明喷有机砷使残留量增加。

	A	B	C	D	E	F	G	H	I	J
			fx	合并方差						
1	喷有机砷	对照		t-检验：双样本等方差假设			t-检验：双样本等方差假设			
2	7.5	4.2					输入			
3	9.7	7			喷有机砷	对照	变量 1 的区域(1)：		$A$1:$A$15	
4	6.8	4.6		平均	7.6	5.2667	变量 2 的区域(2)：		$B$1:$B$15	
5	6.4			方差	2.16667	2.2933				
6				观测值	4	3	假设平均差(E)：		0	
7				合并方差	2.21733		☑ 标志(L)			
8				假设平均差	0		α(A): 0.05			
9				df	5					
10				t Stat	2.0516		输出选项			
11				P(T<=t) 单尾	0.0477		⊙ 输出区域(O)：		$D$1	
12				t 单尾临界	2.01505		○ 新工作表组(P)：			
13				P(T<=t) 双尾	0.09544		○ 新工作簿(W)			
14				t 双尾临界	2.57058					
15										

图 5-4 使用分析工具进行双样本成组数据的 t 检验

到此为止，已完成成组数据双样本等方差前提下的 t 检验的全部编程，试试复制本工作表后在 A2：B12 填入实训 6 例 6-2 的观察值，体验 Excel 编程完成 t 检验的通用性。

在执行步骤（9）调出 "TDIST" 后，可以在第三行填入 "2" 查算概率，比较同一资料两尾测验同一尾测验的步骤和结果有何差别。此外，本例求 t 值后查算概率和图 3-4 求 t 值后查算概率的意义不同，分析的抽样误差由表面效应假设而来，注意区分。

也可以在上述步骤（4）完成后进入 "数据" 页→点开右上角 "数据分析"→拖动滑块找到 "双样本等方差" t 检验类型→变量 1 和变量 2 分别输入

A1：A15 和 B1：B15 值域，假设平均差设为"0"→勾选"标志"，输出区域选定 D1→确定后得到一尾概率"0.0477"及 t 值"2.05"等一系列结果，如图 5-4 所示。

【WPS 表格中的编程实现双样本等方差条件下的 t 检验】

（1）在 WPS 表格 A 列输入 7.5、9.7、6.8 和 6.4，B 列输入 4.2、7.0 及 4.6，如图 5-5；然后选定 A16，点击公式中的"fx"，调出函数"VAR"，确认计算方差 s^2 的值域为 A2：A5 后回车，得到"2.17"即 s_1^2；再使用权柄复制到 B16，得到"2.29"即 s_2^2。

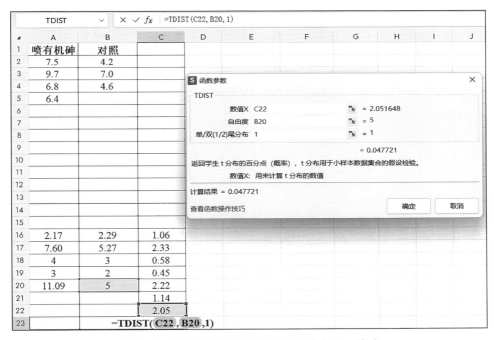

图 5-5 使用 WPS 进行双样本成组数据的 t 检验

（2）选定 A17，调出"AVERAGE"，修改计算样本平均数 $\bar{x}$ 的值域，仍为 A2：A5 后回车，得到 $\bar{x}_1 =$ "7.60"，继续将鼠标移至该单元格右下角，往右拖拽至 B17，得到 $\bar{x}_2 =$ "5.27"。

（3）选定 A18，调出"COUNT"，选准 A 列值域 A2：A5 后回车，得到"4"即 n_1，再使用权柄复制到 B18，得到"3"即 n_2；然后选定 A19，按"＝"后选定 A18 的"4"，按下"－1"后回车得自由度 $\nu_1 =$ "3"；再使用权柄复制到 B19，得到自由度 $\nu_2 =$ "2"。

（4）选定 C16，编算式"＝B16/A16"算出 F 值"1.06"；再选定 C19，

调出"FDIST"，依次输入 C16、B19、A19 三个值域，得到右尾概率 $P=$"0.45"。此概率大于 0.05，推断该资料的两个样本方差为同一总体抽样获得，简称"双样本等方差"或"齐性方差"。

（5）选定 C17，编算式算出样本平均数之差 $\bar{x}_1-\bar{x}_2=$"2.33"；再选定 C18，编算式"＝1/A18＋1/B18"算出两样本容量的倒数和（$1/n_1+1/n_2$）＝"0.58"。

（6）选定 A20，编算式"＝A19＊A16＋B19＊B16"算出合并平方和 SS_1+SS_2；选定 B20，编算式"＝A19＋B19"算出合并自由度 $\nu_1+\nu_2$；再选定 C20 编算式"＝A20/B20"算出合并方差 $s_e^2=$"2.22"。

（7）选定 C21，调用"SQRT"，按公式④（附录二）算出差数标准误 $s_{\bar{x}_1-\bar{x}_2}=$"1.137"。

（8）继续选定 C22，编算式"＝C17/C21"计算出 $t=$"2.05"。

（9）选定 C23，调出"TDIST"，依次输入 C22、B20 两个值域，因为喷有机砷只能使株体的砷含量增高是常理，本例只能以一尾测验的结果为准，所以第三行填入"1"得到一尾概率"0.0477"，达到 0.05 显著水平，表明喷有机砷使残留量增加。

❖ **本例一尾检验的原理归纳如下：**

（1）H_0：_____，$F=$_____，$P(F\geqslant1.06)=0.45$

（2）∵ $P_{右尾}$ _____ 0.05，∴ $s_e^2=$ _____，$s_{\bar{x}_1-\bar{x}_2}=$ _____，$\nu=$_____

（3）$P(t\leqslant$_____$)=P(t\geqslant2.05)=0.0477$

（4）推断：∵_____ ∴拒绝 H_0

❖ **在无电脑计算概率的情况下，本例一尾检验的原理归纳如下：**

（1）H_0：_____，$F=$_____，$F_{0.05,2,3}=$_____

（2）∵ F _____ $F_{0.05}$，∴$s_e^2=$_____，$s_{\bar{x}_1-\bar{x}_2}=$_____＝1.14

$$t=\frac{\bar{x}_1-\bar{x}_2}{S_{\bar{x}_1-\bar{x}_2}}=\underline{\quad\quad}$$

（3）按自由度 $\nu=$_____，查附表得一尾 $t_{0.05}=2.015$

（4）推断：∵_____ ∴拒绝 H_0

五、作业与思考

1. 根据有无电脑的两种场合写出例 5-3 进行 F 检验的 4 个详细步骤，F 检验在该案例中起什么作用？为什么不是两尾检验而一定要进行右尾检验？

2. 例 5-3 用 Excel 编程完成 t 检验时，是哪一个粘贴函数完美实现了所编程序的通用性？既然"已知喷有机砷只能使株体的砷含量增高"，例 5-3 在实际操作时应以一尾测验还是两尾测验的结果为准？

3. 根据图 5-3 的抽样误差分析过程，完成下列单选题：

（1）图 5-6 中横坐标刻度的两个括号内应该依次填写的分位数是（　　　）

A. 24，15　　　　　　　　　　　　B. −0.35，0.35

C. −0.378，0.378　　　　　　　　　D. −2.03，2.03

（2）图 5-6 中两块阴影之间的面积应该称为（　　　　　）

A. 两尾概率　　　B. 显著水平　　　C. 累积概率　　　D. 中间概率

（3）例 5-3 计算差数标准误用合并均方的前提是（　　　　　）

A. $F < F_{0.05}$　　　　　　　　　　B. $F > F_{0.05}$

C. 合并自由度　　　　　　　　　　D. 方差比显著

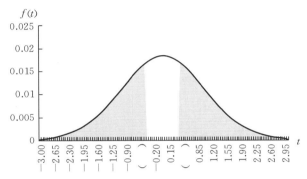

图 5-6　抽取两个随机样本的抽样误差分析示意图

*4. 使用 WPS 函数"FDIST"，设定恰当的横坐标刻度值，分别生成 F 分布（自由度取 2、3、8 和 2、3、8、15 或 24 的组合，见图 5-7）。

【用 WPS 插入函数 F 分布曲线图的操作方法提示】

（1）首行标注不同样本自由度 df，第 2 行标注 F 值概率和概率密度，A 列输入恰当的 F 值 0、0.1、0.2、…、4.8，如图 5-7 所示。

（2）选定 B3 后，"公式"中点开"fx"函数"FDIST"，对话框 3 行依次填入 F 值 A3、自由度"2""2"得右尾概率值"1.00000"，继续往下拖拽就可以得到 0.90909、0.83333、…、0.17241 等 49 个右尾概率值。

（3）选定 C3，编算式"=B3−B4"计算第 1 个宽度为 0.1 的横抽区间上的概率密度，得"0.09091"，再使用权柄复制往下连续填充到 C50 显示"0.00302"为止，得到其余 48 个概率密度值。

（4）参照上述步骤（2），调出函数"FDIST"，对话框第 1 行仍填入 F 值 A3，只将第 2 行、第 3 行的自由度值分别更改为"3，15""3，8""3，3""8，24""8，15"和"8，8"算出 D、F、H、J、L 和 N 6 列的各 49 个右尾概率值。

（5）参照上述步骤（3），编算式算出第 1 个宽度为 0.1 的横抽区间上的概率密度后，再使用权柄复制得到 E、G、I、K、M 和 O 6 列各 48 个概率密度值。

（6）删除属于文字标志的第 1、2 行，使用 Ctrl 全选 C、E、G、I、K、M、O 7 列，点击"插入"进入图表向导，图表类型选"折线图"，生成 7 种不同样本自由度的 F 分布曲线图。

（7）选中横坐标，右击鼠标，点击"选择数据"，点击轴标签中的编辑，选择横坐标值域 A1：A51，点击确定。

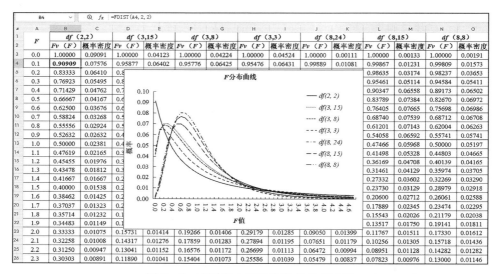

图 5-7　不同自由度组合的 F 分布曲线

实训 6　配对数据与异方差条件下的 t 检验

一、实训内容

借助 Excel 和 WPS 电子表格，继续探究配对数据与非配对数据计算出概率值进行推断和只计算出 t 值进行推断的原理和方法的异同。参考表 6-3 归纳的不同场合标准误的计算公式，演练双样本异方差条件下的 t 检验。

二、配对观察值差数的抽样试验与抽样误差分析

配对数据（成对数据）是将性质相同的两个供试材料单元配成一对，并设有多个配对，然后对每个配对的两个供试单位分别随机地给予不同处理，则所得观察值为成对数据。这种成对数据先按同一方向计算配对观察值的差数，再计算这些差数的平均数，可以最大限度地保证两个处理间进行比较时实现唯一差异原则，进行显著性检验的原理和方法也可以通过抽样试验和抽样误差分析予以阐明。

抽样试验沿用图 5-2 中 B2：C91 的次数分布资料，使用随机数发生器抽取 21 个 $n=10$ 的随机样本，如图 6-1 值域 E2：X11 所示（隐藏 3～10 行）。已知总体方差 $\sigma_0^2=17^2$，空单元格 F13 和 G13 依次填入总体标准差"17"和 $u_{0.05}=$ "1.96"。

表 6-1　不同样本容量 $\bar{d}$ 值的抽样试验结果

n	$\mu_d \pm u_{0.05} \cdot \sigma_d/\sqrt{n}$	$\bar{d}$ 下限	$\bar{d}$ 上限	超范围 $\bar{d}$ 值	容许范围样本数/个	容许范围占比/%
1	$0\pm1.96\times24/\sqrt{1}$	-47.1	47.1	(57，61)	（　18　）	（　90　）
4	$0\pm1.96\times24/\sqrt{4}$	（　　）	23.6	（　　）	（　　）	（　　）
7	$0\pm1.96\times24/\sqrt{7}$	（　　）	17.8	（　　）	（　　）	（　　）
10	$0\pm1.96\times24/\sqrt{10}$	-14.9	14.9	（　无　）	（　20　）	（　100　）
16	$0\pm1.96\times24/\sqrt{16}$	（　　）	11.8	（　　）	（　　）	（　　）
25	$0\pm1.96\times24/\sqrt{25}$	（　　）	9.42	（　　）	（　　）	（　　）

注：$\bar{d}$ 表示差数平均数。

根据随机配对观察值的差数 $d_i \sim N(\mu_d, \sigma_d^2)$，且 $\mu_d=0$，$\sigma_d^2=2\sigma_0^2$：①选定空单元格 H13，调出插入函数"SQRT"，对话框编算式"2 * F13 * F13"，确定后得到随机配对观察值差数的总体标准差 $\sigma_d=$ "24"。②再选定空单元格

J13，编算式"＝G13＊H13"算得"47.1"，即差数 d_i 抽样的容许范围上限，空单元格 I13 填入下限"－47.1"。③选定空单元格 E14，编算式"＝E2－F2"得到第一个随机配对观察值的差数"23"后往下往右拖拽至 X23 单元格，得到随机配对观察值的 200 个差数 d_i。④使用条件格式录入容许范围的区间端点值"－47.1"和"47.1"，将没有超范围的差数以不同底色（如绿色）显示，统计此次差数 d_i 抽样试验的结果，不在容许范围的差数为 8 个，如图 6－1 中 P14、X14、…，以及 S22 未显示绿色的单元格所示。⑤参照表 2－1 中样本容量 $n=1$ 的抽样试验容许范围占比统计方法，图 6－1 中 E14：X23 值域中的任意一行也可以用来完成表 6－1 中 $n=1$ 的容许范围占比统计，如按 E14：X14 值域显示的结果，就可以将在表 6－1 样本容量为 1 的那一行"超范围 $\bar{d}$ 值"栏目下填写"57，61"，"容许范围样本数"栏目下填写"18"，"容许范围占比"栏目下填写"90"。⑥空单元格 L13 填入 $n=$"10"，选定空单元格 M13，编算式"＝H13/SQRT（L13）"得到按平方根定律算出来的差数的总体标准误 $\sigma_d=$"7.6"。⑦选定空单元格 O13，编算式"＝M13＊G13"算得"14.9"就是差数平均数 $\bar{d}$ 抽样试验的容许范围上限，空单元格 N13 填入下限"－14.9"。⑧选定 E24 单元格，调出插入函数"AVERAGE"，对话框确认 E14：E24 值域后得到该列差数平均数 $\bar{d}=$"0.1"；然后往右拖拽直到 X24 单元格得到最后一个差数平均数 $\bar{d}=$"4"。⑨继续使用条件格式录入容许范围的区间端点值"－14.9"和"14.9"，确认本轮抽样的所有差数平均数 $\bar{d}$ 都在容许范围后，在表 6－1 样本容量为 10 的那一行超范围值栏目下填写"无"，"容许范围样本数"栏目下填写"20"，"容许范围占比"栏目下填写"100"。

使用随机数发生器继续抽取 21 个 n 分别改为 4、7、16、25 的随机样本，重复上述步骤③⑥⑦⑧⑨的抽样试验方法，先算出表 6－1 中每轮抽样的不同容许范围，直至完成该表中所有超范围差数的记录和容许范围占比统计。

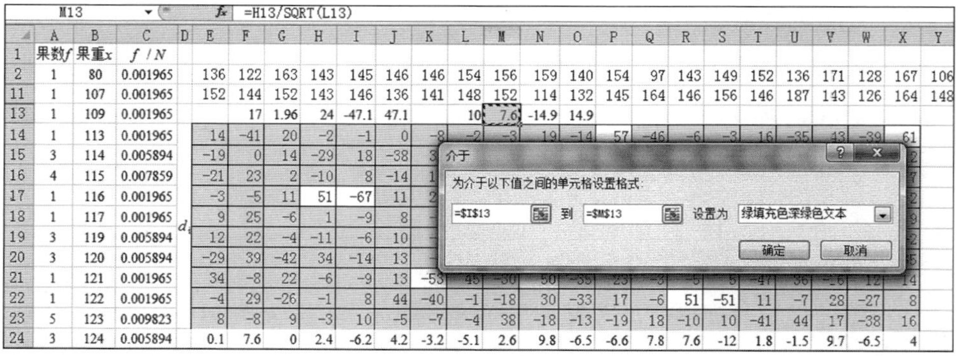

图 6－1　双样本随机配对差数的抽样试验

沿用图 4-3 的方法，使用随机数发生器先抽取两组 $n=10$ 的随机编码，然后从图 2-8 中找到两个随机样本单果重的观测值，如图 6-2 值域 E2：F11 所示。G2：G11 值域是按同一方向计算同一行配对观察值的 10 个差数 d_i；继续打开"数据"页→右上角点开"数据分析"→选定"描述统计"→输入区域指定 G1：G11，分组方式选"逐列"→ 勾选"标志位于第一行"，"输出区域"选定 I1 并勾选"汇总统计"项，单击"确定"，得到如图 6-2 中 I3：J15 所示的结果；再选定 G13，编算式"=J3/J4"得到 t 值"-1.611"；最后选定 G14，调出函数"TDIST"，对话框依次填入"G13"、自由度"9"、两尾标志值"2"得到两尾概率"0.142"。于是判断此次抽样正常。

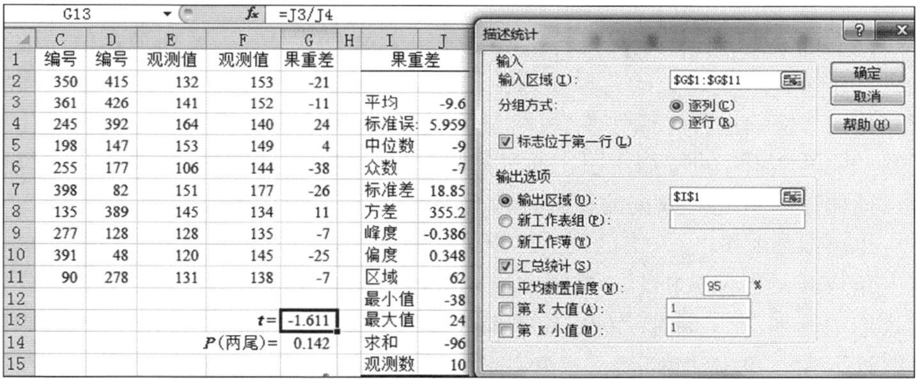

图 6-2　双样本配对观察值差数的抽样误差分析

❖ **上述抽样误差分析的操作结果归纳如下：**

(1) 样本标准误 $S_{\bar{d}}=\underline{5.959}$，$\nu=\underline{9}$

(2) $P(|\bar{d}-\mu_a|\geqslant9.6)=P(\bar{d}-\mu_a\leqslant-9.6)+P(\bar{d}-\mu_a\geqslant9.6)$

$=P(|t|\geqslant1.611)=P(t\leqslant-1.611)+P(t\geqslant1.611)$

$=\underline{0.142}$（两尾或双侧）$=\underline{0.071}$（左尾）$+\underline{0.071}$（右尾）

(3) 判断：$\because P>0.05$ $\therefore$ 抽样正常

也可以根据两尾 $t_{0.05}$ 临界值"2.262"得到本次抽样的容许范围 [-2.262，2.262]，然后参照表 2-2 的方法根据 $|t|$ 值就足以判断出获得本次抽样误差的两尾概率不低于 5%。

三、试验资料及上机操作

[**例 6-1**] 11 只 60 日龄雄鼠在 X 射线照射前后的体重（g）如下表 6-2，试按配对观察值进行 t 检验。本例若按非配对的数据进行检验，容易发生哪种错误（明道绪，2021）？

表 6 - 2　雄鼠在 X 射线照射前后的体重（g）

项目	编号										
	01	02	03	04	05	06	07	08	09	10	11
照前	25.7	24.4	21.1	25.2	26.4	23.8	21.5	22.9	23.1	25.1	29.5
照后	22.5	23.2	20.6	23.4	25.4	20.4	20.6	21.9	22.6	23.5	24.3

【Excel 电子表格中的操作步骤提示】

按配对数据进行显著性检验时，本例中已录入空白工作表之 A2：B12 的配对观察值再用一次，即按同一方向计算各配对观察值的差数 d_i，如图 6 - 3 中 C2：C12 所示。

此后的 t 检验操作就只是将这些差数视为单个样本的一系列观察值，编算式进行单个样本平均数的差异显著性检验。可按实训 5 例 5 - 3 的方法编程实现完整的 t 检验过程，操作步骤比上述成组数据 t 检验编程简单。编程时注意函数 "COUNT" 的特殊作用，通过它将 t 检验的操作过程整合成一个完整模块，通用于所有配对数据的显著性检验。

也可以参照图 3 - 6 借助 "描述统计" 模块实现，方法是打开 "数据" 页→右上角点开 "数据分析"→选定 "描述统计"→输入区域指定 C1：C12，分组方式选 "逐列"→ 勾选 "标志位于第一行"，"输出区域" 选定 E1 并勾选 "汇总统计" 项，单击 "确定"，得到如图 6 - 3 中 E1：F15 所示的结果；再选定 C14，编算式 "＝ F3/F4" 得到 t 值 "4.133"；最后选定 C15，调出函数 "TDIST"，对话框依次填入 "C14"、自由度 "10"、两尾标志值 "2" 得到两尾概率 "0.002"。

图 6 - 3　按单样本模式进行双样本配对数据的 t 检验

还可以保留图 6 - 3 中 A、B 两列的观测值到空白工作表中，打开 "数据"

页→右上角点开“数据分析”→拖动滑块找到“平均值的成对二样本分析”t 检验类型→变量 1 和变量 2 分别输入 A1：A12 和 B1：B12 值域，假设平均差设为“0”→勾选“标志”，输出区域选定 D1→确定后得到两尾概率“0.002”及 t 值“4.133”等一系列结果，如图 6－4 所示。

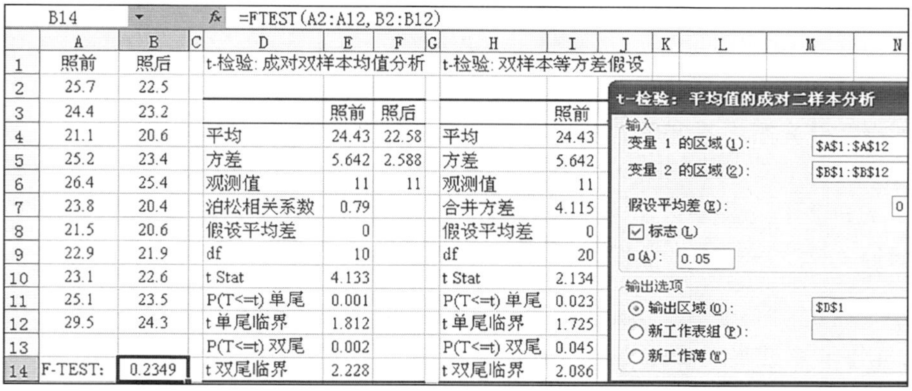

	A	B	D	E	F	H	I
1	照前	照后	t-检验：成对双样本均值分析			t-检验：双样本等方差假设	
2	25.7	22.5					
3	24.4	23.2		照前	照后		照前
4	21.1	20.6	平均	24.43	22.58	平均	24.43
5	25.2	23.4	方差	5.642	2.588	方差	5.642
6	26.4	25.4	观测值	11	11	观测值	11
7	23.8	20.4	泊松相关系数	0.79		合并方差	4.115
8	21.5	20.6	假设平均差	0		假设平均差	0
9	22.9	21.9	df	10		df	20
10	23.1	22.6	t Stat	4.133		t Stat	2.134
11	25.1	23.5	P(T<=t) 单尾	0.001		P(T<=t) 单尾	0.023
12	29.5	24.3	t 单尾临界	1.812		t 单尾临界	1.725
13			P(T<=t) 双尾	0.002		P(T<=t) 双尾	0.045
14	F-TEST:	0.2349	t 双尾临界	2.228		t 双尾临界	2.086

图 6－4　使用分析工具进行双样本配对数据的 t 检验

❖ 本例两尾检验的原理归纳如下：

（1）H_0：________

（2）$S_{\bar{d}}=$________，$\nu=$________

（3）$P(|t|\geqslant 4.13)=P(t\leqslant$________$)+P(t\geqslant$________$)=0.002$

（4）推断：∵________∴拒绝 H_0

❖ 在无电脑计算概率的情况下，本例两尾检验的原理归纳如下：

（1）H_0：________

（2）$S_{\bar{d}}=$________，$t=\dfrac{\bar{d}-\mu_d}{S_{\bar{d}}}=$________

（3）根据　$\nu=$________，查附表得两尾 $t_{0.05}=2.228$

（4）推断：∵________　∴拒绝 H_0

提示与拓展

本例若按没有配对的数据进行显著性检验，即等于按实训 5 例 5－3 的操作过程再来一次两尾检验。如图 6－4 所示，先选定 B14，调出统计类函数“FTEST”→对话框两行分别输入 A2：A12 和 B2：B12 值域→确定后得到两尾概率“0.2349”后确认为“双样本等方差”→点开“工具”按钮→进入“数据分析”菜单→拖动滑块找到“双样本等方差”t 检验类型→变量 1 和变量 2 分别输入 A1：A12 和 B1：B12 值域→输出区域选定 H1，确定后得到两尾概率"0.045"及 t 值"2.134"等一系列结果；然后和空白工作表中编程应用的结果比对，看是否一致。

也可调出统计类函数"TTEST" → 对话框的前两行分别输入图 6-4 中之 A2：A12 和 B2：B12 值域 → 第三行填入两尾标志值"2" → 第四行填入检验类型值"1" → 得到两尾概率"0.002"。

再和图 6-4 中按"成对双样本均值分析"进行 t 检验的结果比较，不难看出，将配对数据按成组数据类型进行 t 检验，会使两尾概率变大，也就是 t 值变小，不利于发现本质差别，在显著性检验的两类错误中，容易犯 II 类错误。换句话说，有条件实施配对设计采集数据的场合，自由度足够大时更容易发现本质差别。所以，本例只能按"成对双样本均值分析"进行 t 检验的结果作出推断。

[例 6-2] 为研究 NaCl 在种子萌发阶段对灰绿藜幼苗生长的影响，将在蒸馏水中萌发 5 d 的幼苗随机分成 2 组，一组作为对照继续进行蒸馏水处理，另一组用 100 mmol/L 的 NaCl 溶液处理，第 10 天时各处理随机抽取 10 株检测幼苗的下胚轴长（cm），结果如图 6-5 值域 A2：B11 所示，问低浓度的 NaCl 对盐生植物灰绿藜的幼苗下胚轴生长是否有促进作用（彭明春，2022）？

图 6-5　使用分析工具进行双样本非配对数据的 t 检验

【Excel 表格中的双样本异方差条件下的 t 检验操作步骤提示】

例 6-2 凭图 6-5 中 B13 就方差比值所做的两尾 F 检验可知，属于"双样本异方差"的情形，其 t 检验步骤另选空白工作表操作，有两处和实训 5 例 5-3 的编程步骤大不一样：一是 $s_{\bar{x}_1 - \bar{x}_2}$ 的计算公式，需参照附录二中双样本异方差前提下计算 $s_{\bar{x}_1 - \bar{x}_2}$ 的公式；二是查 t 值表时自由度不能由两个样本自由度简单相加，计算方法也要参照附录二中所附的倒数方程，即用两个样本自由度、样本容量和方差 s_1^2、s_2^2 计算修正后的总自由度 v'，参照图 5-4 的操作过程，按"双样本异方差"的 t 检验结果如图 6-5 所示。

检验两个样本方差是否同质（即是否来源于同一个总体抽样）也称为方差的齐性检验，不论是图 5-4 的双样本等方差情形还是本例的双样本异方差情形，除了本例 B13 单元格使用过的两尾 F 检验之外，还可以使用 F 分布进行左尾或者右尾检验，进入"数据"页→点开右上角"数据分析"→拖动滑块找到"F 检验：双样本方差"→变量 1 和变量 2 分别输入 A1：A11 和 B1：B11值域→勾选"标志"，输出区域选定 D2→确定后得到 F 值"0.1573"及左尾概率"0.00553"等一系列结果，如图 6-6 中 E9：E10 值域所示。由于用作两个样本平均数差异 t 检验的前置条件时，F 检验计算的 F 值习惯使用大方差为分子方差，小方差为分母方差，所以使用"F 检验：双样本方差"进行一尾检验时，只能是右尾检验。即将图 6-6 中变量 1 和变量 2 输入的 A、B 列数据对调，先后输入 B1：B11 和 A1：A11 值域，输出区域选定 H2，确定后得到 F 值"6.357"及右尾概率"0.00553"等一系列结果，如图 6-6 中 I9：I10值域所示。

图 6-6 使用分析工具进行双样本方差的齐性检验

【WPS 表格中的双样本异方差条件下的 t 检验操作步骤】

（1）如图 6-7 所示，在 WPS 表格 A 列输入 1.9、1.8、2.1、1.7、1.4、1.7、1.5、1.6、1.8 和 1.7，B 列输入 1.0、1.1、1.2、1.0、1.1、1.0、

1.2、1.0、1.1 和 1.1；然后选定 A16，点击公式中的"fx"，调出函数"VAR"，确认计算方差 s^2 的值域为 A2：A11 后回车，得到"0.040"即 s_1^2；再使用权柄复制到 B16，得到"0.006"即 s_2^2。

（2）选定 A17，调出"AVERAGE"，修改计算样本平均数 $\bar{x}$ 的值域，仍为 A2：A11 后回车，得到"1.720"即 $\bar{x}_1$；继续将鼠标移至该单元格右下角，往右拖拽至 B17，得到"1.080"即 $\bar{x}_2$；再选定 C17，编算式算出样本平均数之差 $\bar{x}_1-\bar{x}_2=$"0.640"。

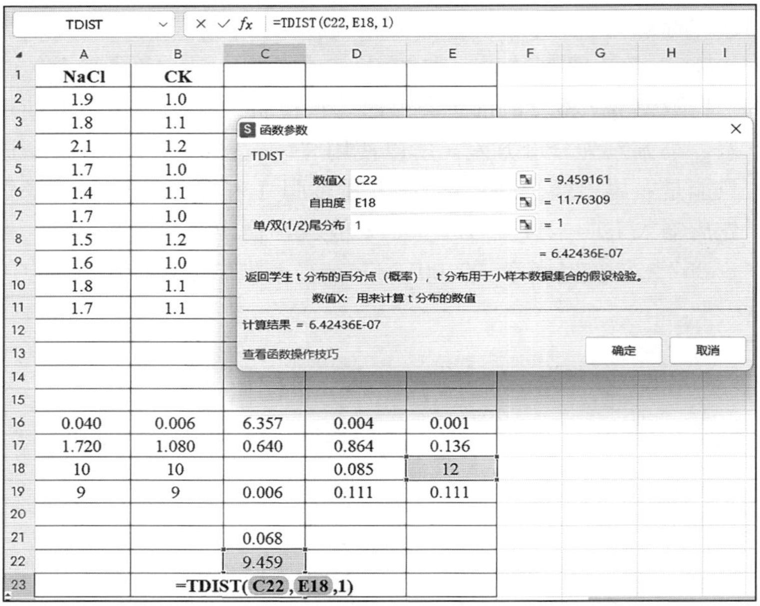

图 6-7　使用 WPS 进行双样本非配对数据的 t 检验

（3）选定 A18，调出"COUNT"，选准 A 列值域 A2：A11 后回车，得到"10"即 n_1；再使用权柄复制到 B18，得到"10"即 n_2；然后选定 A19，按"＝"后选定 A18，按下"－1"后回车得自由度"9"即 ν_1；再使用权柄复制到 B19，得到自由度"9"即 ν_2。

（4）选定 C16，编算式"＝A16/B16"算出 F 值"6.357"；再选定 C19，调出"FDIST"，依次输入 C16、A19、B19 三个值域，得到右尾概率 $P=$"0.006"。此概率小于 0.05，说明该资料的两个样本方差不能推断为同一总体抽样获得，简称"双样本异方差"，或"方差异质"。

（5）选定 D16，编算式"＝A16/A18"算出 $s_1^2/n_1=$"0.004"；再选定 E16，编算式"＝B16/B18"算出 $s_2^2/n_2=$"0.001"。

（6）选定 D17，编算式"＝D16/（D16＋E16）"算出 k 值，得到"0.864"；再选定 E17，编算式"＝1－D17"算出（$1－k$）值，得到"0.136"。

（7）选定 D19，编算式"＝1/A19"算出 $1/\nu_1=$"0.111"；再使用权柄复制到 E19，算出 $1/\nu_2=$"0.111"。

（8）选定 D18，编算式"＝D17*D17*D19＋E17*E17*E19"算出 $1/\nu'$，得到"0.085"；再选定 E18 编算式"＝1/D18"算出修正自由度 $\nu'=$"12"。

（9）选定 C21，调用"SQRT"，按公式 $s_{\bar{x}_1-\bar{x}_2}=\sqrt{s_1^2/n_1+s_2^2/n_2}$ 算出差数标准误 $s_{\bar{x}_1-\bar{x}_2}=$"0.068"。

（10）选定 C22，编算式"＝C17/C21"计算出 $t=$"9.459"。

（11）选定 C23，调出"TDIST"，依次输入 C22、E18 两个值域，因为本例问低浓度的 NaCl 对盐生植物灰绿藜的幼苗下胚轴生长是否有促进作用，只能以一尾测验的结果为准，所以第三行填入"1"得到一尾概率"0.000001"，已达到显著水平，表明低浓度的 NaCl 对盐生植物灰绿藜的幼苗下胚轴生长有促进作用。

❖ **本例一尾检验的原理归纳如下：**

（1）H_0：_____，$F=$_____，$P(F\geqslant 6.36)=0.0055$

（2）$\because P_{右尾}$_____ 0.05，$\therefore s_{\bar{x}_1-\bar{x}_2}=$_____，$\nu'=$_____＝12

（3）$P(t\leqslant$_____$)=P(t\geqslant 9.46)=3.25\times 10^{-7}$

（4）推断：$\therefore$_____ $\therefore$拒绝 H_0

❖ **在无电脑计算概率的情况下，本例一尾检验的原理归纳如下：**

（1）H_0：_____，$F=$_____，$F_{0.05,9,9}=$_____

（2）$\because F$_____ $F_{0.05}$，$\therefore s_{\bar{x}_1-\bar{x}_2}=\sqrt{s_1^2/n_1+s_2^2/n_2}=$_____，

$t=\dfrac{\bar{x}_1-\bar{x}_2}{s_{\bar{x}_1-\bar{x}_2}}=$_____，

（3）按自由度 $\nu'=$_____，查附表得一尾 $t_{0.05}=1.782$

（4）推断：$\therefore$_____ $\therefore$拒绝 H_0

四、作业与思考

1. 在例 6-1 的显著性检验中，$\bar{d}$ 和 $\bar{x}_1-\bar{x}_2$ 能否视为同一概念？请说明理由。

2. 什么是显著性检验的两类错误？

3. 将配对设计的试验结果按非配对数据那样进行显著性检验会导致什么后果？

表6-3　随机变量类型及标准化转换公式一览表

变量符号	复置抽样构建衍生总体(变量)方式	正态分布描述	正态离差 u 转换公式	标准化离差 t 转换公式
x(或 y)	(母总体变量)	$x \sim N(\mu_0,\sigma_0^2)$(理论)	$\dfrac{x-\mu_0}{\sigma_0}$（变量标准化）	
$\bar{x}$(或 $\bar{y}$)	从1个母总体中随机抽取1个样本表得的衍生总体变量	$\bar{x} \sim N(\mu_{\bar{x}},\sigma_{\bar{x}}^2)$	$\dfrac{\bar{x}-\mu_{\bar{x}}}{\sigma_{\bar{x}}}=\dfrac{\bar{x}-\mu}{\sigma_0/\sqrt{n}}$	$\dfrac{\bar{x}-\mu_{\bar{x}}}{s_{\bar{x}}}=\dfrac{\bar{x}-\mu}{s/\sqrt{n}}$
$\hat{p}$	从1个二项总体中随机抽取1个样本获得的衍生总体变量	$\hat{p} \sim N(\mu_{\hat{p}},\sigma_{\hat{p}}^2)$	$(\hat{p}-p)/\sqrt{pq/n}$	$(|\hat{p}-p|-0.5/n)/s_{\hat{p}}$
$\bar{d}$	从1个母总体中随机抽取2个样本,且观察值经配对设计后表得的衍生总体变量	$\bar{d} \sim N(\mu_d,\sigma_d^2)$	$\dfrac{\bar{d}-\mu_d}{\sigma_d}=\dfrac{\bar{d}}{\sqrt{2\sigma_0^2/n}}$	$\dfrac{\bar{d}-\mu_d}{s_d}=\dfrac{\bar{d}}{s_d/\sqrt{n}}$
$\bar{x}_1-\bar{x}_2$	从2个母总体中各随机抽取1的样本,且观察值未配对而表得的衍生总体变量	$\bar{x}_1-\bar{x}_2 \sim N(\mu_{\bar{x}_1-\bar{x}_2},\sigma_{\bar{x}_1-\bar{x}_2}^2)$	$\dfrac{(\bar{x}_1-\bar{x}_2)-(\mu_1-\mu_2)}{\sqrt{\sigma_1^2/n_1+\sigma_2^2/n_2}}$	$\dfrac{(\bar{x}_1-\bar{x}_2)-(\mu_1-\mu_2)}{S_{\bar{x}_1-\bar{x}_2}}$
Σx(或 Σy)	从1个母总体中随机抽取1个样本表得的衍生总体变量	$\Sigma x \sim N(\mu_{\Sigma x},\sigma_{\Sigma x}^2)$	$\dfrac{\Sigma x-\mu_{\Sigma x}}{\sigma_{\Sigma x}}=\dfrac{\Sigma x-n\mu}{\sqrt{n}\cdot\sigma_0}$	$\dfrac{\Sigma x-n\mu}{s_{\Sigma x}}=\dfrac{\Sigma x-n\mu}{\sqrt{n}\cdot s}$
$n\hat{p}$	从1个二项总体中随机抽取1个样本获得的衍生总体变量	$n\hat{p} \sim N(\mu_{n\hat{p}},\sigma_{n\hat{p}}^2)$	$(n\hat{p}-np)/\sqrt{npq}$	$(|n\hat{p}-np|-0.5)/s_{n\hat{p}}$

注：$s_{n\hat{p}}=\sqrt{n^2\hat{p}q}/(n-1)$，$s_{\hat{p}}=\sqrt{\hat{p}q}/(n-1)$；$s_{\bar{x}_1-\bar{x}_2}=\sqrt{s_e^2(1/n_1+1/n_2)}$ 或 $\sqrt{s_1^2/n_1+s_2^2/n_2}$。

第 二 章

通识案例教学部分

实训 7　单向分组数据的方差分析

一、实训内容

用电子表格演练单向分组各组观察值个数不一定相同的资料进行平方和（SS）与自由度（DF 或 df 或 ν）的分解过程，验证平方和、自由度的可加性；针对不符合方差分析假定的数据用电子表格先进行转换后再分析，练习使用"Ctrl＋Shift＋Enter"（即"组合键回车"）完成块操作，体验提高电子表格运算效率的块操作路径，继而完成包括多重比较在内的方差分析过程，熟悉包括方差分析条件在内的方差分析原理。

二、单向分组组内观察值个数不同的数据模式

[例 7-1] 在设施葡萄园抽样观察品种为红地球的 6 株葡萄，计数每个单株上冬季修剪选留下来的结果母蔓上着生的结果蔓数量，其观察结果如表 7-1 所示。将原始数据进行平方根转换后如图 7-1 的 A1：H7 所示（万海清，2014），请按照图 7-1 的格式整理各组数据的组内矫正数 C_i 和组内平方和 SS_i 后再完成表 7-1 后的步骤。

表 7-1　红地球葡萄单株结果母蔓上结果蔓数量的观察结果

| 组别 | 结果蔓数量（x） | | | | | | | T_i | $\bar{x}_i$ | n_i | df_i |
	①	②	③	④	⑤	⑥	⑦				
Ⅰ	1	1	1	1	3			7	1.40	5	（　）
Ⅱ	1	2	1	1	3	3	3	14	2.00	7	（　）
Ⅲ	1	1	3	1	2	1	2	11	1.57	7	（　）
Ⅳ	1	3	1	3	1	1		10	1.67	6	（　）
Ⅴ	1	3	2	3	1	1		11	1.83	6	（　）
Ⅵ	0	0	0	0	0			0	0.00	5	（　）
合计								（　）		（　）	（　）

① 计算总平方和 SS_T；②分别计算各组组内平方和再相加，求出误差平方和 SS_e；③用两种方法分别计算组间平方和 SS_t，看其结果是否相等，特别要记住"$\Sigma C_i - C$"（C_i 表示组内矫正数，C 表示全试验矫正数）；④将上述②、③两项相加，验证其是否等于第①项；⑤验证自由度是否也有类似②＋③＝①的规律；⑥如果需要检验 6 个葡萄单株之间的差异显著性，试计算用于多重比较（SSR 检验或 q 检验）的标准误 SE。

【使用 WPS 表格进行平方根转换后完成单因素方差分析的操作步骤】

6 个葡萄单株是同一个品种，不是 6 个品系或品种，所以分组因素不是试验因素。就单向分组数据而言，每组观察值个数也相同，应用中多见于随机取样的调查数据，便于充分利用调查资源。如果是试验数据，则等同于完全随机设计的数据结构，充分利用试验材料获取尽可能多的观察值。

（1）进入 WPS 表格界面，在第一列输入组别，在 B20：H25 中将原始数据依次输入，然后选定 B2：H7 空单元格块，调出函数"SQRT"，输入 B20：H25 值域，按下"＋1"后，同时敲击"Ctrl＋Shift＋Enter"键（即"组合键回车"），得到 36 个平方根转换值，如图 7-1 所示。

（2）选定 I2，"公式"中点开"自动求和"中的"Σ"，调出函数"SUM"，数值 1 中输入 B2：H2，确定得到组别Ⅰ的所有观察值之和为"7.66"，后使用权柄往下复制出其他组别的观察值之和 T_i；再选定 I8，单击"Σ"自动求和，调出函数"SUM"，数值 1 中输入 I2：I7，得到全试验所有观察值之和 ΣT_i 为"55.38"。

（3）选定 J2，"公式"中点开"fx"，调出函数"AVERAGE"，数值 1 中输入 B2：H2，确定得到组别Ⅰ所有观察值的平均值为"1.53"，后使用权柄往下复制出其他组别观察值的平均值 $\bar{x}_i$。

（4）选定 K2，"公式"中点开"fx"，调出函数"COUNT"，数值 1 中输入 B2：H2，确定得到组别Ⅰ的观察值个数为"5"，后使用权柄往下复制出其他组别的观察值个数 n_i；再选定 K8，单击"Σ"自动求和，调出函数"SUM"，数值 1 中输入 K2：K7，得到全试验所有组别观察值个数之和 Σn_i 为"36"。

（5）选定 L2，编算式"＝K2－1"算得组别Ⅰ的自由度为"4"，后使用权柄往下复制出其他组别的自由度 df_i；再选定 L8，单击"Σ"自动求和，调出函数"SUM"，数值 1 中输入 L2：L7，得到全试验所有组别自由度之和 Σdf "30"。

（6）选定 M2，编算式"＝I2＊I2/K2"算得组别Ⅰ的组内矫正数为"11.73"，后使用权柄往下复制出其他组别的组内矫正数 C_i；再选定 M8，单击"Σ"自动求和，调出函数"SUM"，数值 1 中输入 M2：M7，得到全试验所有组别的组内矫正数之和 ΣC_i "87.00"。

（7）选定 N2，"公式"中点开 "fx"，调出函数 "DEVSQ"，数值 1 中输入 B2：H2，确定得到组别 I 的组内平方和 "0.27"，后使用权柄往下复制出其他组别的组内平方和 SS_i；再选定 N8，单击 "Σ" 自动求和，调出函数 "SUM"，数值 1 中输入 N2：N7，得到全试验所有组别的组内平方和之和 ΣSS_i "2.00"。

	B2		fx	{=SQRT(B20:F20+1)}												
	A	B	C	D	E	F	G	H	I	J	K	L	M	N	O	P
1	组别			平方根转换后的数据（x）					T_i	$\bar{x}_i$	n_i	df_i	C_i	SS_i		
2	I	1.41	1.41	1.41	1.41	2.00			7.66	1.53	5	4	11.73	0.27		
3	II	1.41	1.73	1.41	1.41	2.00	2.00	2.00	11.97	1.71	7	6	20.48	0.52		
4	III	1.41	1.41	2.00	1.41	1.73	1.41	1.73	11.12	1.59	7	6	17.67	0.33		
5	IV	1.41	2.00	1.41	2.00	1.41	1.41		9.66	1.61	6	5	15.54	0.46		
6	V	1.41	2.00	1.73	2.00	1.41	1.41		9.97	1.66	6	5	16.58	0.42		
7	VI	1	1	1	1	1					4	3	4	0		
8	合计								55.38		36	30	87.00	2.00		
9																
10																
11	C	85.21		$\Sigma\Sigma x^2$	89				方差分析：单因素方差分析							
12	SS_T	3.79		df_T	35											
13	SS_t	1.80		df_t	5				SUMMARY							
14	SS_e	2.00		df_e	30				组	观测数	求和	平均	方差			
15	n_0	5.98		SE	0.11				A	5	7.65685	1.53137	0.06863			
16									B	7	11.9747	1.71067	0.08588			
17									C	7	11.121	1.58871	0.05534			
18	组别			结果苗数量（x）					D	6	9.65685	1.60948	0.09151			
19		①	②	③	④	⑤	⑥	⑦	E	6	9.97469	1.66245	0.08352			
20	I	1	1	1	1	3			F	5	5	1	0			
21	II	1	2	1	1	3	3	3								
22	III	1	1	3	1	2	1	2	方差分析							
23	IV	1	3	1	3	1	1		差异源	SS	df	MS	F	P-value	F crit	
24	V	1	3	2	3	1	1		组间	1.79771	5	0.35954	5.40142	0.00117	2.53355	
25	VI	0	0	0	0	0			组内	1.99693	30	0.06656				
26																
27																
28									总计	3.79465	35					
29									总计	3.79465	35					

图 7-1 单向分组组内观察值个数不同时的方差分析过程

（8）选定 E11，调出函数 "SUMSQ"，输入 B2：H7 值域后得到全试验所有观察值总平方和 $\Sigma\Sigma x^2 =$ "89"。

（9）选定 B11，编算式 "＝I8 * I8/K8" 算出全试验矫正数 $C=$ "85.21"；选定 B12，编算式 "＝E11－B11" 算出总平方和 $SS_T=$ "3.79"；选定 B13，编算式 "＝M8－B11" 算出组间平方和 $SS_t=$ "1.80"；选定 B14，编算式 "＝B12－B13" 算出组内平方和 $SS_e=$ "2.00"，且验证结果和 N8 的值相等。

（10）选定 E12，编算式 "＝K8－1" 算出总自由度 $df_T=$ "35"；选定 E13，编算式 "＝6－1" 算出组间自由度 $df_t=$ "5"；选定 E14，编算式 "＝E12－E13" 算出组内自由度 $df_e=$ "30"，且验证结果和 L8 的值相等。

（11）列出方差分析表，编算式 "＝B13/E13" 计算出组间方差 s_t^2 或 $MS_t=$

"0.36" 即 M25；编算式 "=B14/E14" 计算出组内方差 s_e^2 或 MS_e = "0.07" 即 M26；编算式 "= M25/M26" 计算出 F = "5.40" 即 N25，调函数 "FDIST"，对话框依次填入 N25、L25、L26，算得概率 P = "0.001" 即 O25，或调函数 "FINV"，对话框依次填入 0.05、L25、L26，算得临界值 $F_{0.05}$ = "2.53" 即 P25。

（12）由此可知，F 值的概率 0.001 小于 0.05（或者 F 值大于临界值 $F_{0.05}$），可推断品种为红地球的 6 株葡萄上冬季修剪选留下来的结果母蔓上着生的结果蔓数量存在显著差异。

（13）分别在 A10：F10 和 G10：L10 空单元格块将 6 个组的观察值个数按同样的顺序录入两遍，选定 B8 单元格，调函数 "AVERAGE"，对话框选定 B10：F10 值域，算得第一个权重值（K3＋K4＋K5＋K6＋K7）/5 = "6.2" 后往右拖拽至 G8 单元格；再选定 B9 单元格，编算式 "=A10＊B8" 算出第一组观察值个数与权重值的乘积 "31" 后往右拖拽至 G9 单元格，然后将 6 组的乘积和用自动求和按钮算得 "215.2"，显示在 H9 单元格中；继续选定 B15，编算式 "=H9/K8"，计算出加权平均重复次数为 "5.98"。

（14）选定 E15，调出函数 "SQRT"，编算式 "=SQRT（M26/B15）" 算出用于两两差数做多重比较的标准误 SE = "0.11"。

> **注**：在 Excel 表格中调出 "数据分析" 对话框→选定 "单因素方差分析" 类型→默认对话框中的 "行" 分组方式→输入如图 7-1 中 B2：H7 值域，输出区域选定 J11 作为起始单元格→点击 "确定" 可得到如图 7-1 中 J11：P29 值域的方差分析表。

◪提示与拓展

本例是要求在电子表格中验证 R. A. Fisher 于 1923 年创建方差分析法时发现的平方和 SS、自由度 df 的可加性原理（反过来讲就是分解原理）。就单向分组的数据资料而言，不论每一组的原始数据个数是否一样多，也不论 "分组因素" 是试验因素还是其他如同本例葡萄单株这样的可控因素，数据资料的平方和总量 SS_T 可以像本例这样剖分为两个分量，即 36 个原始数据分 6 组后，Ⅰ、Ⅱ、Ⅲ、Ⅳ、Ⅴ、Ⅵ 各组组内平方和的汇总值 SS_e，加上组间平方和 SS_t。自由度总量 df_T 的剖分也是如此，两个分量记为 df_e 和 df_t，即：

$$SS_Ⅰ + SS_Ⅱ + SS_Ⅲ + SS_Ⅳ + SS_Ⅴ + SS_Ⅵ = SS_e$$
$$df_Ⅰ + df_Ⅱ + df_Ⅲ + df_Ⅳ + df_Ⅴ + df_Ⅵ = df_e$$

$$SS_T = （组内）SS_e + （组间）SS_t$$
$$df_T = （组内）df_e + （组间）df_t$$

该发现之平方和（注意是"离均差平方和"的简称）部分的证明过程如下：

首先针对任一个原始数据 x（即观察值）的离均差，剖分出 2 个线性分量

$$x - \bar{x} = (x - \bar{x}_i) + (\bar{x}_i - \bar{x})$$

两边同时平方得到 2 个离均差平方和分量、1 个离均差乘积分量

$$(x - \bar{x})^2 = (x - \bar{x}_i)^2 + (\bar{x}_i - \bar{x})^2 + 2(x - \bar{x}_i)(\bar{x}_i - \bar{x})$$

由同一处理（组别）重复观察值的……累加

$$\sum (x - \bar{x})^2 = \sum (x - \bar{x}_i)^2 + \sum (\bar{x}_i - \bar{x})^2 + 2\sum (\bar{x}_i - \bar{x})(x - \bar{x}_i)$$

$\because$ 同一组别的离均差乘积求和时，$(\bar{x}_i - \bar{x})$ 必为一常数

$\therefore 2\sum (\bar{x}_i - \bar{x})(x - \bar{x}_i) = 2(\bar{x}_i - \bar{x})\sum (x - \bar{x}_i) = 0$

同理　　　　　　　$\sum (\bar{x}_i - \bar{x})^2 = n_i(\bar{x}_i - \bar{x})^2$

故有　　　　　$\sum (x - \bar{x})^2 = \sum (x - \bar{x}_i)^2 + n_i(\bar{x}_i - \bar{x})^2$

再把全部处理（组别）所有观察值的……累加，得

$$\sum\sum (x - \bar{x})^2 = \sum\sum (x - \bar{x}_i)^2 + \sum n_i(\bar{x}_i - \bar{x})^2$$

简写即

$$SS_T = SS_e + SS_t$$

这就是单向分组数据资料每一组的原始数据个数不必一样多时的一般形式。特殊地，当单向分组数据资料每一组的原始数据个数相同且设其个数为 n 时：

$$\sum\sum (x - \bar{x})^2 = \sum\sum (x - \bar{x}_i)^2 + n\sum (\bar{x}_i - \bar{x})^2$$

由以上证明过程知，组间平方和 SS_t 的计算公式的一般形式是：$SS_t = \sum n_i(\bar{x}_i - \bar{x})^2$，而 $SS_t = n\sum (\bar{x}_i - \bar{x})^2$ 只是单向分组各组观察值个数相同的数据资料才适用。

和总平方和 $SS_T = \sum\sum (x - \bar{x})^2$ 的计算公式还有另一种形式即 $SS_T = \sum\sum x^2 - C$ 一样，组间平方和 SS_t 的计算公式也还有使用矫正数的另一种形式即 $SS_t = \sum (T_i^2/n_i) - C$。但这个矫正数 C 是数据资料汇总之后算出来的矫正数，称全试验矫正数，即 $C = (\sum x)^2/\sum n_i$。和计算 SS_e 这一汇总值时各组组内平方和 $SS_Ⅰ$、$SS_Ⅱ$、$SS_Ⅲ$、$SS_Ⅳ$、$SS_Ⅴ$、$SS_Ⅵ$ 时使用的各不相同的矫正数 $C_i = T_i^2/n_i$ 要注意区分；且在计算 SS_T 及 $SS_Ⅰ$、$SS_Ⅱ$、$SS_Ⅲ$、$SS_Ⅳ$、

SS_V、SS_{VI} 时，如使用不经过计算矫正数的公式，可直接调用函数"DEVSQ"算出。（SS_t 能否使用该函数计算？）

需要特别指出的是，通过汇总各组组内平方和 SS_I、SS_{II}、SS_{III}、SS_{IV}、SS_V、SS_{VI} 计算 SS_e 的方法也只有本例就图 7-1 中 SS_i 列验算平方和的可加性原理时才运用，以便更准确地理解组内平方和为什么也叫误差平方和。以后但凡遇到计算 SS_e 的场合，都采取用平方和总量减去可控因素分量的方法去操作，本例即 $SS_T - SS_t$，所以组内平方和又叫剩余平方和。

三、单向分组组内观察值个数相同的数据模式

[例 7-2] 有一个由不同提取物种类及浓度组合成的 9 种茶泡提取液抑制发芽效果的试验，J 为对照，重复 3 次，培养萝卜种子 30 h 的萌发情况观察结果整理如表 7-2（万海清，2002），将该数据进行对数转换后再完成包括多重比较在内的方差分析全过程。

表 7-2　萝卜每份 50 粒籽中的萌发粒数的观察值

重复/处理	A	B	C	D	E	F	G	H	I	J
I	3	27	36	2	18	30	10	25	45	48
II	6	24	38	2	16	24	7	28	44	50
III	3	18	34	3	20	27	10	29	43	47
转换后的 T_t	1.73	4.07	4.67	1.08	3.76	4.29	2.85	4.31	4.93	5.05

【Excel 表格中完全随机试验数据的操作步骤】

作为单向分组的数据资料，本例也可以使用 Excel 函数逐个计算方差分析表中的各个数据。如总平方和 SS_T 按 $\Sigma (x - \bar{x})^2$ 的计算公式，调用函数"DEVSQ"可直接算出；另一种形式 $\Sigma x^2 - C$ 则需要按 $(\Sigma x)^2 / \Sigma n_i$ 的公式先算出数据资料汇总之后的矫正数 C，然后调用函数"SUMSQ"计算。同理，计算各组组内平方和 SS_A、SS_B、$\cdots$、SS_J 时，如使用不经过计算组内矫正数的公式，和计算 SS_T 一样，可直接调用函数"DEVSQ"算出。组间平方和 SS_t 的计算公式可以使用组内矫正数的简化形式即 $\Sigma C_i - C$。组内矫正数正是计算 SS_e 时 SS_A、SS_B、$\cdots$、SS_J 使用的 $C_i = T_i^2 / n_i$！所有完成方差分析表计算的操作步骤如下：

（1）进入 Microsoft Excel 界面，在空白工作表中选定 A1：C10，将表 7-2 的萝卜籽粒数数据行列转置后依次输入，如图 7-2 所示。

（2）选定 D1∶F10，点开"fx"，调出函数"LOG10"，输入二维数组 A1∶C10 同时敲击"Ctrl＋Shift＋Enter"键，将对数转换结果显示在 D1∶F10。

（3）选定 G1∶G10，用菜单栏中的"Σ"自动求和，得到一级数据即各处理和 T_i 计算结果，显示在 G1∶G10，再选定 G1∶G11，单击"Σ"自动求和，G11 显示全试验数据总和 T＝"36.73"。

（4）选定 H1，编算式"＝G1＊G1/3"算得"1.00"后使用权柄往下复制出整列组内矫正数 C_i，在 H11 合计出"50.50"。

（5）选定 I1，调出函数"DEVSQ"计算 D1∶F1 值域的 $SS_A＝$"0.0604"，再使用权柄往下复制出组内平方和 SS_B、…、SS_J，在 I11 合计出"0.127"。

（6）选定 H12，调出"SUMSQ"，输入 D1∶F10 值域后得到全部观察值总平方和"50.63"。

（7）选定 G12，编算式"＝G11＊G11/30"算出 C＝"44.97"。选定 B17，调出"DEVSQ"计算 D1∶F10 值域的平方和总量 $SS_T＝$"5.66"，或者任选一空单元格，编算式"＝H12－G12"也可算出 $SS_T＝$"5.66"。

（8）选定 B14 单元格，编算式"＝H11－G12"算出处理平方和分量 $SS_t＝$"5.53"；再选定 B15 单元格，编算式"＝B17－B14"算出剩余平方和也就是误差平方和分量 $SS_e＝$"0.127"，结果和 I11 的值相等，自由度也可以这样相互佐证。

（9）选定 D14，编算式"＝B14/C14"后算得处理分量的方差即组间方差 $s_t^2＝$"0.615"，往下拖拽得到误差分量的方差即组内方差 $s_e^2＝$"0.0063"，继续编算式"＝D14/D15"算得方差比值 F＝"96.87"；调函数"FDIST"，对话框依次填入 E14、C14、C15，算得概率 P＝"1.64×10^{-14}"。

	A	B	C	D	E	F	G	H	I
G12	▼	fx	=G11*G11/30						
1	3	6	3	0.4771	0.7782	0.4771	1.7324	1.0004	0.0604
2	27	24	18	1.4314	1.3802	1.2553	4.0668	5.5131	0.0164
3	36	38	34	1.5563	1.5798	1.5315	4.6676	7.2621	0.0012
4	2	2	3	0.3010	0.3010	0.4771	1.0792	0.3882	0.0207
5	18	16	20	1.2553	1.2041	1.3010	3.7604	4.7136	0.0047
6	30	24	27	1.4771	1.3802	1.4314	4.2887	6.1310	0.0047
7	10	7	10	1.0000	0.8451	1.0000	2.8451	2.6982	0.0160
8	25	28	29	1.3979	1.4472	1.4624	4.3075	6.1848	0.0023
9	45	44	43	1.6532	1.6435	1.6335	4.9301	8.1021	0.0002
10	48	50	47	1.6812	1.6990	1.6721	5.0523	8.5086	0.0004
11				0.0460			36.7301	50.5020	0.1269
12	方差分析						44.9701	50.6289	
13	差异源	SS	df	MS	F	P-value	F crit		
14	组间	5.531911	9	0.614657	96.87339	1.64E-14	2.392814		
15	组内	0.126899	20	0.006345					
16									
17	总	5.65881	29						

图 7-2　单因素完全随机试验数据的方差分析结果

如果 F 值不显著，表明 10 个处理之间无显著或者极显著差异，方差分析到此结束。但本试验方案的 F 值极其显著（即 F 值的概率远小于 0.01），所以需要对包括对照 J 在内的 10 个处理平均数进行多重比较。选择空单元格 D11 调出函数"SQRT"、对话框编算式"＝D15/3"算出用于两两差数做多重比较的标准误 $SE=$ "0.046"。

本例表 7-2 的数据模式属于完全随机试验数据，还可以使用 Excel 分析工具得到方差分析表中的全部结果。方法是：空白工作表中调出"数据分析"对话框→选定"单因素方差分析"类型→点选对话框中的"行"分组方式→输入 D1：F10 值域，选定适当的输出区域后点击"确定"可得方差分析表。

▨提示与拓展

本例完成方差分析表最关键的是图 7-2 中 B14 单元格 $SS_t=$ "5.53"如何算出，即编算式结合权柄复制先计算 H1：H10 值域的组内矫正数，然后在 H11 单元格汇总出"50.5"，再减去全试验矫正数"44.97"，这符合计算机编程的内在逻辑。这种通过整理组内矫正数的方法计算需要优先算出来的可控因素平方和分量的方法适用于所有平衡或者非平衡数据，即试验观察值分组后，每组观察值个数相同或者不相同的数据模式都可以这样操作。后续案例需要优先算出来的平方和分量不止一个时也是如此。

选定任一空单元格，调用插入函数"DEVSQ"，对话框选定 G1：G10 值域，确认后再在编辑栏键入"/3"补全算式也可算得 $SS_t=$ "5.53"，和 B14 单元格的结果完全一致，这种使用 DEVSQ 插入函数的方法显然集成了上述使用组内矫正数和全试验矫正数计算该平方和的所有编程步骤，操作方法简单，但不适合类似例 7-1 的非平衡数据。

【Excel 表格中完全随机试验结果多重比较的操作步骤】

（1）进入 Microsoft Excel 界面，在空白工作表中将图 7-2 中 D1：F10 值域 $k=10$、$n=3$ 的萝卜籽粒数数据完成转换后的对数数据依次算出各处理平均数，显示在图 7-3 所示的 B2：B11 值域，并在 A2：A11 值域依次填写对应的处理字母代号 A～J。

（2）选定 A2：B11，进入"开始"界面页点开"排序和筛选"，确认"自定义排序"菜单后，对话框主要关键字依次下拉选出"平均数""数值""降序"后回车。

（3）选定 G2：G10 空单元格块，按下"＝"后选定 B2：B10 值域，再键入"－B11"补全算式，同时敲击"Ctrl＋Shift＋Enter"键（即"组合键回车"），计算出 9 个两两差数。

（4）选定 H2：H9 空单元格块，按下"＝"后选定 B2：B9 值域，再键入"－B10"补全算式，同时敲击"Ctrl＋Shift＋Enter"键，再计算出 8 个两两差数。

（5）选定 I2：I8 空单元格块，按下"＝"后选定 B2：B8 值域，再键入"－B9"补全算式，同时敲击"Ctrl＋Shift＋Enter"键，又计算出 7 个两两差数；此操作过程以下类推，继续 6 遍后直到算出最后一个单元格 O2 的两两差数"0.041"，完成三角梯形表。

（6）将 45 个两两差数的一部分差数显示右框线和下框线，如图 7－3 一样完成阶梯状框线的设置，彰显从指向箭头"→"开始沿阶梯线走向的两两差数属于同一个秩次距的规律。

（7）在 F3：F11 空单元格块降序填入秩次距 2～10，在 D2：D10 空单元格块录入按自由度 $df_e＝20$ 查得的 $SSR_{0.05}$ 临界值；然后选定 N8 空单元格，按下"＝"后直接选定图 7－2 中 D11 单元格的标准误数值 $SE＝0.046$，再选定 E2：E10 空单元格块，按下"＝"后选定 D2：D10 值域，再键入"＊N8"补全算式，同时敲击"Ctrl＋Shift＋Enter"键，计算出 9 个最小显著极差 $LSR_{0.05}$ 的值。

（8）将图 7－3 中同一级阶梯上的两两差数和 E2：E10 值域中对应的 $LSR_{0.05}$ 值进行比较，如 G10、H9、I8、J7、K6、L5、M4、N3 和 O2 的两两差数，是第一级阶梯，秩次距都是 2，就都和 E10 单元格的 $LSR_{0.05}$ 值比较，其中 G10、H9、I8 超过了"0.136"即达到显著水平，将其字体加粗以示区别；G9、H8、I7、J6、K5、L4、M3 和 N2 的两两差数，是第二级阶梯，秩次距都是 3，就都和 E9 单元格的 $LSR_{0.05}$ 值比较，其中 G9、H8、I7、J6 和 M2 超过了"0.142"即达到显著水平，将其字体加粗以示区别；此操作过程以下类推，继续 7 遍后直到最高一级阶梯 G2 中秩次距为 10 的两两差数"1.324"和 E2 单元格的 $LSR_{0.05}$ 值比较，超过"0.157"达到显著水平，字体加粗，完成 SSR 检验的全部比较工作。

（9）在 C2 单元格填写第一个英文小写字母 a，C3 单元格根据 O2"0.041"字体未加粗、差异不显著的信息继续标注字母 a，再选定 C4 单元格，根据 N2"0.128"字体未加粗、差异不显著的信息继续标注字母 a，继续选定 C5 单元格，根据 M2"0.248"字体已加粗、差异显著的信息改标字母 b；由于出现了不同字母，第一轮字母标注往上反转，看字母 b 能够往上标注多高，C4 单元格根据 M4"0.120"字体未加粗、差异不显著的信息加标字母 b，C3 单元格根据 M3"0.208"字体已加粗、差异显著的信息不再加标字母 b，第一轮字母标注结束。

	G2		▼		*fx*	{=B2:B10-B11}								
▲	A	B	C	D	E	F	G	H	I	J	K	L	M	N	O
1	处理	平均数	5%差异	SSR$_{0.05}$	LSR$_{0.05}$	秩次距	-0.36	-0.577	-0.948	-1.253	-1.356	-1.43	-1.436	-1.556	-1.643
2	J	1.684	a	3.409	0.157	10→	1.324	1.107	0.736	0.431	0.328	0.255	0.248	0.128	0.041
3	I	1.643	a	3.39	0.156	9→	1.284	1.066	0.695	0.390	0.288	0.214	0.208	0.088	
4	C	1.556	ab	3.368	0.155	8→	1.196	0.978	0.607	0.302	0.200	0.126	0.120		
5	H	1.436	bc	3.339	0.154	7→	1.076	0.858	0.487	0.182	0.080	0.006			
6	F	1.430	bc	3.303	0.152	6→	1.070	0.852	0.481	0.176	0.074				
7	B	1.356	cd	3.255	0.150	5→	0.996	0.778	0.407	0.102					
8	E	1.253	d	3.19	0.147	4→	0.894	0.676	0.305				SE=	0.046	
9	G	0.948	e	3.097	0.142	3→	0.589	0.371							
10	A	0.577	f	2.95	0.136	2→	0.218								
11	D	0.360	g	(注：首行G1：O1值域是计算两两差数的减数，被减数是与对应差数位于同一行的平均数，下同。)											

图 7-3　单向分组试验资料转换成对数数据后完成方差分析的多重比较过程

（10）选定 C6 单元格，根据 L4 "0.126" 字体未加粗、差异不显著的信息继续标注字母 b，继续选定 C7 单元格，根据 K4 "0.200" 字体已加粗、差异显著的信息改标字母 c；由于又出现了不同字母，第二轮字母标注往上反转，看字母 c 能够往上标注多高，C6 单元格根据 K6 "0.074" 字体未加粗、差异不显著的信息加标字母 c，C5 单元格根据 K5 "0.080" 字体未加粗、差异不显著的信息继续加标字母 c，C4 单元格根据 K4 "0.200" 字体已加粗、差异显著的信息不再加标字母 c，第二轮字母标注结束。

（11）C8 单元格根据 J5 "0.182" 字体已加粗、差异显著的信息改标字母 d，由于出现了不同字母，第三轮字母标注往上反转，看字母 d 能够往上标注多高，C7 单元格根据 J7 "0.102" 字体未加粗、差异不显著的信息继续加标字母 d，C6 单元格根据 J6 "0.176" 字体已加粗、差异显著的信息不再加标字母 d，第三轮字母标注结束。

（12）C9 单元格根据 I7 "0.407" 字体已加粗、差异显著的信息改标字母 e，由于出现了不同字母，第四轮字母标注往上反转，看字母 e 能够往上标注多高，C8 单元格根据 I8 "0.305" 字体已加粗、差异显著的信息不再加标字母 e，第四轮字母标注结束。

（13）C10 单元格根据 H9 "0.371" 字体已加粗、差异显著的信息改标字母 f，由于出现了不同字母，第五轮字母标注往上反转，看字母 f 能够往上标注多高，C9 单元格仍根据 H9 "0.371" 字体已加粗、差异显著的信息不再加标字母 f，第五轮字母标注结束。

（14）C11 单元格根据 G10 "0.218" 字体已加粗、差异显著的信息改标字母 g，由于出现了不同字母，第六轮字母标注往上反转，看字母 g 能够往上标注多高，C10 单元格仍根据 G10 "0.218" 字体已加粗、差异显著的信息不再加标字母 g，第六轮字母标注结束。

由于 B11 单元格以下再没有未标注字母的平均数，显示 5% 的差异显著性字母标注工作全部结束。最终的结论就是推断标注字母 a 的处理 J、I、C 三个处理发芽率最高，从抑制发芽的效果来看，当然是处理 D 为最好。

　　综上所述，多重比较标注字母时，需要在整理三角梯形表后按不同秩次距完成全部两两差数的差异显著性检验，然后在完成了 SSR 检验（或者是 q 检验）的基础上，按 0.05 显著水平用英文小写字母的国际惯例分轮次进行字母标注，完成标注用了 n 个小写字母，就表明字母标注工作进行了 n−1 个轮次。因为同一个字母标注的平均数就是一个互不显著群，所以全部平均数标注完后用了几个字母，就一定可以分为几个互不显著群。如果本例使用 SPSS 软件做多重比较，就会按 7 个互不显著群分 7 列以表 7-3 的格式输出结果。

表 7-3　使用 SPSS 软件多重比较结果的一种输出格式

处理	n	Subset for alpha＝0.05						
		1	2	3	4	5	6	7
D	3	0.360						
A	3		0.577					
G	3			0.948				
E	3				1.253			
B	3				1.356	1.356		
F	3					1.430	1.430	
H	3					1.436	1.436	
C	3						1.556	1.556
I	3							1.643
J	3							1.684
Sig.		(1.000)	(1.000)	(1.000)	(0.133)	(0.259)	(0.081)	(0.077)

注：末行每个（　）内一定是一个大于 5% 的概率值。

　　[例 7-3] 4 个不同采收期 A_1（3 月 10 日）、A_2（3 月 20 日）、A_3（4 月 10 日）、A_4（4 月 20 日）的桂花种子发芽率的观察结果，每种采收期都得到 3 个重复观察值，如图 7-4 所示（王文龙，2007）。试对其进行反正弦转换后再进行方差分析。

【使用 WPS 进行反正弦转换后完成方差分析表的操作过程】

　　（1）选定 E2：G5，调出函数"SQRT"，输入 B2：D5 值域，按下"/100"后同时按下"Ctrl＋Shift＋Enter"键。

　　（2）选定 H2：J5，编辑"＝DEGREES（ASIN（E2：G5））"同时按下"Ctrl＋Shift＋Enter"键，得到 12 个反正弦角度值。

　　（3）选定 K2，"公式"中点开"自动求和"中的"Σ"，调出函数

"SUM"，数值 1 中输入 H2：J5，确定得到 A_1 期的所有观察值之和为"0.00"，后使用权柄往下复制出其他采籽期的观察值之和 T_i；再选定 K6，单击"Σ"自动求和，调出函数"SUM"，数值 1 中输入 K2：K5，得到全试验所有观察值之和 $T=$"238.53"。

（4）选定 L2，编算式"$=$K2 $*$ K2/3"算得 A_1 期的组内矫正数为"0.00"，后使用权柄往下复制出其他采籽期的组内矫正数 C_i；再选定 L6，单击"Σ"自动求和，调出函数"SUM"，数值 1 中输入 L2：L5，得到全试验所有采籽期的组内矫正数之和 $\Sigma C_i=$"7347.34"。

（5）选定 M2，"公式"中点开"fx"，调出函数"COUNT"，数值 1 中输入 H2：J2，确定得到 A_1 期的观察值个数为"3"，后使用权柄往下复制出其他采籽期的观察值个数 n_i 均为"3"；再选定 M6，单击"Σ"自动求和，调出函数"SUM"，数值 1 中输入 M2：M5，得到全试验所有采籽期的观察值个数之和"12"。

（6）选定 B8，编算式"$=$K6 $*$ K6/M6"算出全试验矫正数 $C=$"4741.24"。

（7）选定 B9，"公式"中点开"fx"，调出函数"DEVSQ"，数值 1 中输入 H2：J5，确定得到平方和总量 $SS_T=$"2613.92"。

	B9		fx	=DEVSQ(H2:J5)								
	A	B	C	D	E	F	G	H	I	J	K	L	M
1	采籽期		原始数据			求平方根			反正弦角度值		T_i	C_i	n_i
2	**A1**	0	0	0	0.000	0.000	0.000	0.00	0.00	0.00	0.00	0.00	3
3	**A2**	9	7	9	0.300	0.265	0.300	17.46	15.34	17.46	50.26	841.92	3
4	**A3**	13	15	12	0.361	0.387	0.346	21.13	22.79	20.27	64.19	1373.40	3
5	**A4**	44	42	45	0.663	0.648	0.671	41.55	40.40	42.13	124.08	5132.02	3
6	合计										238.53	7347.34	12
7													
8	C	4741.24											
9	SS_T	**2613.92**		df_T	11								
10	SS_t	2606.10		df_t	3								
11	SS_e	7.82		df_e	8								
12	SE	0.57											
13													
14				方差分析表									
15	差异源	SS	df	MS	F	P-value	F-crit						
16	组间	2606.10	3	868.70	888.85	1.96761E-10	4.07						
17	组内	7.82	8	0.98									
18	总	2613.92	11										

图 7-4　二项资料经反正弦转换再完成单因素方差分析的过程

（8）选定 B10，编算式"$=$L6 $-$ B8"算出组间平方和分量 $SS_t=$"2606.10"；选定 B11，编算式"$=$B9 $-$ B10"算出组内平方和分量 $SS_e=$"7.82"。

（9）选定 E9，编算式"＝M6－1"算出自由度总量 $df_T＝$"11"；选定 E10，编算式"＝4－1"算出组间自由度分量 $df_t＝$"3"；选定 E11，编算式"＝E9－E10"算出组内自由度分量 $df_e＝$"8"。

（10）列出方差分析表，继续选定 E16，编算式"＝C16/D16"计算出组间方差 $MS_t＝$"868.70"，使用权柄往下复制出组内方差 $MS_e＝$"0.98"。选定 F16，编算式"＝E16/E17"计算出 $F＝$"888.85"。选定 G16，调函数"FDIST"，对话框依次填入 F16、D16、D17，算得 $P＝$"$1.97×10^{-10}$"；或者选定 I16，调函数"FINV"，对话框依次填入 0.05、D16、D17，算得临界值 $F_{0.05}＝$"4.07"。

方差比 F 值的概率小于 0.05（或者说 F 值大于临界值 $F_{0.05}$），表明 4 个不同采收期的桂花种子发芽率存在显著差异。继续选定 B12，调出函数"SQRT"，编算式"＝SQRT（E17/3）"算出用于两两差数做多重比较的标准误 $SE＝$"0.57"。

【使用 Excel 进行反正弦转换后完成单因素方差分析的操作过程】

按单因素方差分析并指定 F1 为输出区域的结果如图 7－5 所示。

本例试验数据因为是二项资料的频率，先要在 Excel 中完成以下反正弦转换步骤：

（1）选定 B7：D10，调出函数"SQRT"，输入 B2：D5 值域，按下"/100"后同时按下"Ctrl＋Shift＋Enter"键。

图 7－5 二项资料经反正弦转换再完成单因素方差分析的过程

（2）选定 B12：D15，编辑"＝DEGREES（ASIN（B7：D10））"同时按下"Ctrl＋Shift＋Enter"键，得到 12 个角度值。

（3）调出"数据分析"对话框→选定"单因素方差分析"类型→默认对话框中的"行"分组方式→输入 B12：D15 值域，输出区域选定 F1 作为起始单元格→点击"确定"可得到 F1：L15 值域的方差分析表。

因为 F 值极其显著，选任一空单元格调出函数"SQRT"、对话框编算式"＝I13/3"算出用于两两差数做多重比较的标准误 SE＝"0.57"。

提示与拓展

本例完成方差分析表最关键的是图 7－5 中 G12 单元格的 SS_t＝"2606.1"如何算出，选定任一空单元格，调用插入函数"DEVSQ"，对话框选定 H5：H8 值域，确认后再在编辑栏键入"/3"补全算式即可算出来，和使用数据分析软件对应的"单因素方差分析"运行结果完全一致。

完成方差分析表后，需要继续做多重比较时只要标准误 SE 计算准确，接下来的工作需查 SSR 或者 q 临界值，算出不同秩次距的最小显著极差 $LSR_{0.05}$ 或者 $LSR_{0.01}$。再将任意两个处理平均数之间的差异（即两两差数）视为"复极差"（即多重极差），如果使用 q 分布的临界值计算最小显著极差，再按不同秩次距分类完成比较，称为复极差检验；如果使用 SSR 分布的临界值计算最小显著极差，再按不同秩次距分类完成比较，就称为新复极差检验。不论用哪一种方法，初学者都必须先将所有处理平均数按大小正列后列成三角梯形表，然后在每一个两两差数右上角进行标注，有极显著差异标"**"，仅有显著差异标"*"，无显著差异则标"ns"；然后，分别用大小写英文字母完成改写成字母标注的工作。

四、作业与思考

1. 例 7－1 中图 7－1 SS_i 列的合计值为什么不等于总平方和 SS_T？

2. 试验统计中，多个处理平均数间的相互比较为什么不能用 t 检验？

3. SSR 法进行的多重比较为什么被称为"新复极差法"？LSR 法与 LSD 法进行的多重比较有什么不同？

4. 参照图 7－3 中 C9：C11 值域的字母标注过程完成例 7－3 试验资料多重比较的字母标注工作。

实训 8　随机区组试验数据的方差分析

一、实训内容

使用电子表格对两向分组各组观察值个数相同时的数据资料进行方差分析，先通过两种数据模型可控因素效应可加性的探讨，全面理解单因素试验非单向分组数据结构中如何拓展平方和与自由度的可加性，再针对区组效应明显和不明显的两种随机区组试验原始数据用 Excel 或 WPS 完成包括多重比较在内的方差分析全过程。

二、试验资料及上机操作

1. 有两种假定没有误差的两向分组数据模型如下：

（1）线性模型区组　　　　　　　　　　（2）倍性模型区组

处理	区组		T_t
	I	II	
A	10	20	30
B	30	40	70
T_r	40	60	

处理	区组		T_t
	I	II	
A	10 (1.00)	20 (1.30)	30
B	30 (1.48)	60 (1.78)	90
T_r	40	80	

试予分析：①用两种方法计算两种数据模型的总平方和；②分别对两种模型的总平方和按两个可控因素效应进行分解；③比较两种模型的可控因素平方和分量之和与总平方和的关系；④将倍性模型的各数据转换成以 10 为底的对数并列于其后的（　　　）内，验证其可控因素平方和是否具有可加性。

【Excel 表格中的操作方法提示】

本例试图在实训 7 例题 7 - 1 的基础上，用最简单的数据结构全面探究方差分析的可加性原理，由于假定数据没有误差，即全部是可控因素效应的理论表达，也就是 $SS_e = 0$。对于两向分组数据而言，平方和总量的分解自然简化为：$SS_T = SS_r$（区组平方和）$+ SS_t$。

其中，SS_t 的计算方法参照前述例 7 - 2 的组间平方和，本例属于分组后各组观察值个数相同的数据结构，所以用公式 $SS_t = \Sigma T_t^2/n - C$。由于 SS_r 的本质和 SS_t 一样，都是可控因素，所以计算公式形式也相同，即 $SS_r = \Sigma T_r^2/n - C$。请记住这两个公式与总平方和 $SS_T = \Sigma\Sigma x^2 - C$ 计算公式的差别！也可以像计算总平方和时不经过计算矫正数过程直接使用 $SS_T = \Sigma\Sigma\ (x - \bar{x})^2$ 一样，用以下的公式通过调用函数"DEVSQ"来计算：

$$SS_t = n\Sigma\ (\bar{x}_t - \bar{x})^2 \qquad\qquad SS_r = n\Sigma\ (\bar{x}_r - \bar{x})^2$$

上述式中，T_t 表示各处理组数据总和，T_r 表示各区组数据总和，$\bar{x}_t$ 表示各处理组数据平均数，$\bar{x}_r$ 表示各区组数据平均数。

既然两种数据结构模型都能按固有的公式计算出平方和总量和两个可控因素分量，自然就能对可控因素效应之间是否具有和实训 7 例 7 - 1 中 SS_t、SS_e 那样的可加性进行比较研究。通过计算就能发现，可控因素效应 SS_r、SS_t 之间的可加性是有条件的，倍性模型就没有 SS_t、SS_e 那样无条件成立的可加性，只有线性模型才和 SS_t、SS_e 一样具有可加性。单因素数据模式的方差分析从单向分组到两向乃至多向分组数据过渡时，其线性模型是可以通过单因素随机区组数据模式的平方和分量之间的可加性进行探讨的（图 8 - 1）。

图 8 - 1　方差分析从单向分组到两向分组的可加性探究

① 区域涵盖的可加性就是单向分组数据模式的平方和分解原理，即 SS_t 与 SS_e 之间的可加性。这是生物统计学教材编写头一个方差分析的例题之前就一定会介绍的平方和分解原理，SS_t 一律被称为组间平方和，SS_e 则被称为组内平方和。因为这两者的可加性是一定能够通过数学过程证明的规律，实训 7 的提示与拓展部分已详细介绍，所以其成立是无条件的。②区域涵盖的可加性则是平方和分解原理从单向分组数据模式拓展到两向甚至多向分组时无法回避的线性模型问题。

表 8 - 1 是基于两向分组数据模式方差分析中的平方和分解原理，用最简单的数据结构探究图 8 - 1 中②区域涵盖的可加性。由于假定有下划线标记的数据没有误差，全部是可控因素（表 8 - 1 中包括处理和区组）效应的理论表达，也就是误差平方和 $SS_e = 0$。对于两向分组数据而言，平方和总量的分解自然简化为：总 SS_T = 区组 SS_r + 处理 SS_t。这样一来，可控因素效应 SS_r 和 SS_t 之间的可加性是否成立，就可以通过线性数据和非线性数据模型平方和的分解结果进行验证。

表 8-1　线性数据与倍性数据及其对数转换后的数据

处理	左				中				右			
	$I_左$	$II_左$	T_i	C_i	$I_中$	$II_中$	T_i	C_i	$I_右$	$II_右$	T_i	C_i
A	<u>10</u>	<u>20</u>	30	450	<u>10</u>	<u>20</u>	30	450	1.00	1.30	2.30	2.65
B	<u>30</u>	<u>40</u>	70	2450	<u>30</u>	<u>60</u>	90	4050	1.48	1.78	3.18	5.31
T_r	40	60			40	80			2.48	3.08		
C_r	800	1800	$C_左=2500$		800	3200	$C_中=3600$		3.08	4.74	$C_右=7.73$	
可加性验证	$SS_t=450+2450-2500$ $\quad=400$ $SS_r=800+1800-2500$ $\quad=100$ $SS_T=500$				$SS_t=450+4050-3600$ $\quad=900$ $SS_r=800+3200-3600$ $\quad=400$ $SS_T=1400$				$SS_t=2.65+5.31-7.73$ $\quad=0.23$ $SS_r=3.08+4.74-7.73$ $\quad=0.09$ $SS_T=0.32$			

　　表 8-1 左、中两栏是 A、B 两个处理各由两个区组构建的假定数据，左栏是线性数据，中栏是特殊的非线性数据（即倍性数据），右栏是中栏倍性数据转换为 10 为底的对数数据。三栏数据分别按处理和区组两个方向整理出合计值 T_i、T_r 后计算各自的组内矫正数 C_i、C_r。左栏验证的结果，处理分量 400 和区组分量 100 加起来与总量 500 是相等的，表明线性数据的可控因素平方和有可加性；中栏验证的结果，倍性数据的可控因素平方和没有可加性；右栏验证的结果，处理分量 0.23 和区组分量 0.09 加起来与总量 0.32 是相等的，表明非线性数据进行数据转换后，可控因素平方和恢复了可加性。由此可见，图 8-1 中②区域涵盖的可加性和①区域 SS_t 与 SS_e 的可加性不一样，是有条件的，只有线性模型才具有可加性，倍性模型就没有可加性，这就是统计文献中"线性可加"一词的来历。

　　总之，遇到可控因素出现各分组数据之间呈倍数关系变化时，因为实际应用中误差平方和 $SS_e\neq0$，进行方差分析时不可能知道表 8-1 类似中栏的平方和总量 SS_T，会误将处理分量 900 和区组分量 400 视为可控因素效应的全部，与 1400 的差异 100 就必然遗漏到误差平方和分量 SS_e 中，导致方差分析时的 F 检验及多重比较失真，也就是有可能将可控因素各水平之间的本来存在的倍数关系歪曲为差数关系。这种场合，只有先将呈现倍数变化关系的原始数据进行数据转换恢复可加性，再通过转换后的对数数据进行方差分析。

　　[例 8-1] 研究 6 种不同镉浓度（A～F 的镉浓度分别为 0、100、200、400、800 和 1000 μmol/L）处理对龙葵植株过氧化氢酶（CAT）的影响，进行了一次完全随机试验，测得过氧化氢酶活性（U/g）数据如图 8-2 中所

示，试作方差分析。又假定该试验为一次随机区组试验，体验一下方差分析表（图 8-3）中误差项的分析结果与完全随机设计的试验有何差别，看看划分区组的效果如何？

【使用 WPS 进行完全随机试验数据方差分析的操作过程】

（1）在 B3：D8 数据区域输入过氧化氢酶活性（U/g）数据。

（2）选定 E3，"公式"中点开"自动求和"中的"Σ"，调出函数"SUM"，数值 1 中输入 B3：D3，确定得到处理 A 的所有观察值之和为"774.00"，后使用权柄往下复制出其他处理的观察值之和 T_i；再选定 E9，单击"Σ"自动求和，调出函数"SUM"，数值 1 中输入 E3：E8，得到全试验所有观察值之和 $T=$ "5678.47"。

（3）选定 F3，编算式"$= E3 * E3/3$"算得处理 A 的组内矫正数为"199692.00"，后使用权柄往下复制出其他处理的组内矫正数 C_i；再选定 F9，单击"Σ"自动求和，调出函数"SUM"，数值 1 中输入 F3：F8，得到全试验所有处理的组内矫正数之和 $\Sigma C_i=$ "2110849.59"。

（4）选定 G3，"公式"中点开"fx"，调出函数"COUNT"，数值 1 中输入 B3：D3，确定得到处理 A 的观察值个数为"3"，后使用权柄往下复制出其他处理的观察值个数 n_i 均为"3"；再选定 G9，单击"Σ"自动求和，调出函数"SUM"，数值 1 中输入 G3：G8，得到全试验所有处理的观察值个数之和"18"。

B12		fx	=DEVSQ(B3:D8)				
	A	B	C	D	E	F	G	H
1	处理	过氧化氢酶活性（U/g）						
2		I	II	III	T_i	C_i	n_i	$\bar{x}_i$
3	A	170	353	251	774.00	199692.00	3	258.00
4	B	400	441	298	1139.02	432455.52	3	379.67
5	C	325	610	353	1288.00	552981.33	3	429.33
6	D	305	509	414	1228.00	502661.33	3	409.33
7	E	325	441	353	1119.00	417387.00	3	373.00
8	F	40.7	47.5	42.3	130.45	5672.40	3	43.48
9	Σ				5678.47	2110849.59	18	
10								
11	C	1791390.09						
12	SS_T	424669.36		df_T	17			
13	SS_t	319459.50		df_t	5			
14	SS_e	105209.86		df_e	12			
15	SE	54.06						
16								
17				方差分析表				
18	差异源	SS	df	MS	F	P-value	F-crit	
19	组间	319459.50	5	63891.90	7.29	0.00237	3.11	
20	组内	105209.86	12	8767.49				
21	总计	424669.36	17					

图 8-2 完全随机试验数据方差分析的过程

（5）选定 H3，"公式"中点开"fx"，调出函数"AVERAGE"，数值 1 中输入 B3：D3，确定得到处理 A 的观察值平均值为"258.00"，后使用权柄往下复制出其他处理的观察值平均值 $\bar{x}_i$。

（6）选定 B11，编算式"＝E9 ＊ E9/G9"算出全试验矫正数 $C =$ "1791390.09"。

（7）选定 B12，"公式"中点开"fx"，调出函数"DEVSQ"，数值 1 中输入 B3：D8，确定得到总平方和 $SS_T =$ "424669.36"。

（8）选定 B13，编算式"＝F9 － B11"算出组间平方和 $SS_t =$ "319459.50"；选定 B14，编算式"＝B12 － B13"算出组内平方和 $SS_e =$ "105209.86"。

（9）选定 E12，编算式"＝G9 － 1"算出总自由度 $df_T =$ "17"；选定 E13，编算式"＝6 － 1"算出处理分量自由度 $df_t =$ "5"；选定 E14，编算式"＝E12 － E13"算出误差分量自由度 $df_e =$ "12"。

（10）列出方差分析表，继续选定 D19，编算式"＝B19/C19"计算出组间方差 $MS_t =$ "63891.90"，使用权柄往下复制出组内方差 $MS_e =$ "8767.49"；选定 E19，编算式"＝D19/D20"计算出 $F =$ "7.29"。

（11）选定 F19，调函数"FDIST"，对话框依次填入 E19、C19、C20，算得 $P =$ "0.00237"，或者选定 G19，调函数"FINV"，对话框依次填入 0.05、C19、C20，算得临界值 $F_{0.05} =$ "3.11"。

由此可知，F 值的概率 0.00237 小于 0.05（或者说 F 值 7.29 大于临界值 $F_{0.05}$），表明 6 种不同镉浓度处理对龙葵植株过氧化氢酶的影响存在显著差异。继续选定 B15，调出函数"SQRT"，编算式"＝SQRT（D20/3）"算出用于各组平均数之间做多重比较的标准误 $SE =$ "54.06"。

重复、随机和局部控制是试验设计的三个基本原则，即"费雪三原则"。即便是试验材料（或者其他非试验因素）完全一致，同一个处理的重复观察值也会因偶然误差出现随机波动，这是可以通过平均数进行抽样误差分析的，会在试验数据采集时通过随机排序或者随机分组的方式保证随机性。关键是试验材料或者某个非试验因素存在系统性差异时，所谓的局部控制就是在不能保证试验材料全部一致的情况下，也要保证同一个局部的部分试验材料能够将试验方案的全部处理安排一遍，这就是区组，或者称为单位组（完全区组）。试验方案设计有几个重复，就会有几个区组。如同本例一样，接下来的工作还要看该试验三个重复Ⅰ、Ⅱ、Ⅲ之间的观察值是否存在系统性差异。如果没有，则 D19 单元格的组间方差就是处理分量的方差，D20 单元格的方差就是误差分量的方差，这个标准误才能用来进行后续的多重比较。本试验研究过程中发现三个重复之间确有系统性差异，三个重复就是三个完全区组，必须先按照随机区组试验数据模式完成方差分析表，再用重新计算出来的标准误进行多重比较。

提示与拓展

本例完成方差分析表最关键的是图 8-2 中 B19 单元格的 SS_t 如何算出。选定任一空单元格，调用插入函数"DEVSQ"，对话框选定 E3：E8 值域，确认后再在编辑栏键入"/3"补全算式即可算得 SS_t = "319459.50"，和 B13 单元格的结果相互验证。

【使用 WPS 进行随机区组试验数据方差分析的操作过程】

（1）在图 8-3 中 B3：D8 数据区域输入过氧化氢酶活性（U/g）数据。

（2）选定 E3，"公式"中点开"自动求和"中的"Σ"，调出函数"SUM"，数值 1 中输入 B3：D3，确定得到处理 A 的所有观察值之和为"774.00"，后使用权柄往下复制出其他处理的观察值之和 T_i；再选定 E11，单击"Σ"自动求和，调出函数"SUM"，数值 1 中输入 E3：E8，得到全试验所有观察值之和 T = "5678.47"。

（3）选定 F3，编算式"= E3 * E3/3"算得处理 A 的组内矫正数为"199692.00"，后使用权柄往下复制出其他处理的组内矫正数 C_i；再选定 F11，单击"Σ"自动求和，调出函数"SUM"，数值 1 中输入 F3：F8，得到全试验所有处理的组内矫正数之和 ΣC_i = "2110849.59"。

（4）选定 G3，"公式"中点开"fx"，调出函数"COUNT"，数值 1 中输入 B3：D3，确定得到处理 A 的观察值个数为"3"，后使用权柄往下复制出其他处理的观察值个数 n_i 均为"3"；再选定 G11，单击"Σ"自动求和，调出函数"SUM"，数值 1 中输入 G3：G8，得到全试验所有处理的观察值个数之和"18"。

（5）选定 H3，"公式"中点开"fx"，调出函数"AVERAGE"，数值 1 中输入 B3：D3，确定得到处理 A 的平均数为"258.00"，后使用权柄往下复制出其他处理的平均数 $\bar{x}_i$。

（6）选定 B9，"公式"中点开"自动求和"中的"Σ"，调出函数"SUM"，数值 1 中输入 B3：B8，确定得到区组 I 的所有观察值之和为"1565.70"，后使用权柄往右复制出其他区组的观察值之和 T_r；再选定 B10，编算式"= B9 * B9/6"算得区组 I 的组内矫正数为"408569.42"，后使用权柄往右复制出其他区组的组内矫正数 C_r；再选定 B11，单击"Σ"自动求和，调出函数"SUM"，数值 1 中输入 B10：D10，得到全试验所有区组的矫正数之和 ΣC_r = "1857834.76"。

B16　fx　=B11-B13

	A	B	C	D	E	F	G	H
1	处理	过氧化氢酶活性（U/g）						
2		I	II	III	T_i	C_i	n_i	$\bar{x}_i$
3	A	170	353	251	774.00	199692.00	3	258.00
4	B	400	441	298	1139.02	432455.52	3	379.67
5	C	325	610	353	1288.00	552981.33	3	429.33
6	D	305	509	414	1228.00	502661.33	3	409.33
7	E	325	441	353	1119.00	417387.00	3	373.00
8	F	40.7	47.5	42.3	130.45	5672.40	3	43.48
9	T_r	1565.70	2401.46	1711.31				
10	C_r	408569.42	961168.36	488096.99				
11	∑		1857834.76		5678.47	2110849.59	18	
12								
13	C	1791390.09						
14	SS_T	424669.36		df_T	17			
15	SS_t	319459.50		df_t	5			
16	SS_r	**66444.67**		df_r	2			
17	SS_e	38765.19		df_e	10			
18	SE	35.95						
19								
20				方差分析表				
21	差异源	SS	df	MS	F	P-value	F-crit	
22	区组	66444.67	2					
23	处理	319459.50	5	63891.90	16.48	0.00015	3.33	
24	误差	38765.19	10	3876.52				
25	总计	424669.36	17					

图 8－3　随机区组试验数据方差分析的过程

（7）选定 B13，编算式“＝E11 * E11/G11”算出全试验矫正数 C＝“1791390.09”；选定 B14，“公式”中点开“fx”，调出函数“DEVSQ”，数值 1 中输入 B3：D8，确定得到总平方和 SS_T＝“424669.36”。

（8）选定 B15，编算式“＝F11－B13”算出处理分量平方和 SS_t＝“319459.50”；选定 B16，编算式“＝B11－B13”算出区组平方和 SS_r＝“66444.67”；选定 B17，编算式“＝B14－B15－B16”算出误差分量平方和 SS_e＝“38765.19”。

（9）选定 E14，编算式“＝G11－1”算出总自由度 df_T＝“17”；选定 E15，编算式“＝6－1”算出处理分量自由度 df_t＝“5”；选定 E16，编算式“＝3－1”算出区组自由度 df_r＝“2”；选定 E17，编算式“＝E14－E15－E16”算出误差分量自由度 df_e＝“10”。

（10）列出方差分析表，继续选定 D23，编算式“＝B23/C23”计算出处理分量方差 MS_t＝“63891.90”，使用权柄往下复制出误差分量方差 MS_e＝“3876.52”；选定 E23，编算式“＝D23/D24”计算出 F＝“16.48”。

（11）选定 F23，调函数“FDIST”，对话框依次填入 E23、C23、C24，算得 P＝“0.00015”，或者选定 G23，调函数“FINV”，对话框依次填入 0.05、C23、C24，算得临界值 $F_{0.05}$＝“3.33”。

由此可知，F 值的概率 0.00015 小于 0.05（或者说 F 值大于临界值

$F_{0.05}$），可说明 6 种不同镉浓度处理对龙葵植株过氧化氢酶活性的影响存在显著差异。继续选定 B18，调出函数"SQRT"，编算式"＝SQRT（D24/3）"算出用于各处理平均数做多重比较的标准误 SE＝"35.95"。

因为区组不是试验因素，作为优先算出来的可控因素，其分量只计算平方和与自由度，不计算方差，也不参与计算方差比 F 值，接下来的工作就是用这个标准误根据误差自由度 df_e＝"10"和查得 $SSR_{0.05}$ 或者 $q_{0.05}$ 临界值后算出最小显著极差 $LSR_{0.05}$（彭明春，2022），对 6 种不同镉浓度处理的过氧化氢酶活性平均数之间的两两差数按不同的秩次距进行多重比较。

提示与拓展

本例完成方差分析表最关键的是图 8-3 中 B22 和 B23 单元格可控因素分量如何算出，选定任一空单元格，调用插入函数"DEVSQ"，对话框选定 E3：E8 值域，确认后再在编辑栏键入"/3"补全算式也可算得处理平方和分量 SS_t＝"319459.50"，和 B15 单元格的结果相互验证。再选定另一空单元格，调用插入函数"DEVSQ"，对话框选定 B9：D9 值域，确认后再在编辑栏键入"/6"补全算式也可算得区组平方和分量 SS_r＝"66444.67"，和 B16 单元格的结果相互验证。

【提示：使用 Excel 分析工具按两种方差分析模式进行，结果如图 8-4 所示】

调出"数据分析"对话框→选定"单因素方差分析"类型→选定对话框中的"行"分组方式→输入 B3：D8 值域，输出区域选定 F1 作为起始单元格→点击"确定"可得到 F1：L6 值域的单因素方差分析表。再调出"数据分析"对话框→选定"无重复双因素方差分析"类型→选定对话框中的"行"分组方式→输入 B3：D8 值域，输出区域选定 F9 作为起始单元格→点击"确定"可得到如图 F9：L15 值域的无重复双因素方差分析表。

【Excel 表格中随机区组试验结果多重比较的操作步骤】

（1）进入 Microsoft Excel 界面，在空白工作表中将图 8-3 中 H3：H8 值域各处理过氧化氢酶活性的平均数，显示在图 8-5 所示的 B2：B7 值域，并在 A2：A7 值域依次填写对应的处理字母代号 A～F。

（2）选定 A2：B7，进入"开始"界面页点开"排序和筛选"，确认"自定义排序"菜单后，对话框主要关键字依次下拉选出"平均数""数值""降序"后回车。

（3）选定 G2：G6 空单元格块，按下"＝"后选定 B2：B6 值域，再键入"－B7"补全算式，同时敲击"Ctrl＋Shift＋Enter"键，计算出 5 个两两差数。

（4）选定 H2：H5 空单元格块，按下"＝"后选定 B2：B5 值域，再键入"－B6"补全算式，同时敲击"Ctrl＋Shift＋Enter"键，再计算出 4 个两两差数。

F9　fx　方差分析：无重复双因素方差分析

处理	过氧化氢酶活性（U/g）		
	Ⅰ	Ⅱ	Ⅲ
A	170	353	251
B	400	441	298
C	325	610	353
D	305	509	414
E	325	441	353
F	40.7	47.5	42.3

方差分析：单因素方差分析

差异源	SS	df	MS	F	P-value	F crit
组间	319459.50	5	63891.90	**7.29**	0.0024	3.11
组内	105209.86	12	8767.49			
总计	424669.36	17				

方差分析：无重复双因素方差分析

差异源	SS	df	MS	F	P-value	F crit
列	66444.67	2				
行	319459.50	5	63891.90	**16.48**	0.00015	3.33
误差	38765.19	10	3876.52			
总计	424669.36	17				

图 8－4　使用数据分析软件完成单因素方差分析和无重复双因素方差分析的过程

（5）选定 I2：I4 空单元格块，按下“＝”后选定 B2：B4 值域，再键入“－B5”补全算式，同时敲击“Ctrl＋Shift＋Enter”键，又计算出 3 个两两差数；此操作过程以下类推，继续两遍后直到算出最后一个单元格 K2 的两两差数“20.0”，完成三角梯形表。

（6）将 15 个两两差数的一部分差数显示右框线和下框线，如图 8－5 一样完成阶梯状框线的设置，彰显从指向箭头“→”开始沿阶梯线走向的两两差数属于同一个秩次距的规律。

（7）在 F2：F6 空单元格块降序填入秩次距 2～6，在 D2：D6 空单元格块录入按自由度 df_e＝10 查得对应的 $SSR_{0.05}$临界值；然后选定 J6 空单元格，按下“＝”后直接选定图 8－3 中 B18 单元格的标准误数值 SE＝“35.95”，再选定 E2：E6 空单元格块，按下“＝”后选定 D2：D6 值域，再键入“＊J6”补全算式，同时敲击“Ctrl＋Shift＋Enter”键，计算出 6 个最小显著极差 $LSR_{0.05}$的值。

E2　fx　{=D2:D6*J6}

处理	平均数	5%差异	$SSR_{0.05}$	$LSR_{0.05}$	秩次距	-43.5	-258	-373	-380	-409
C	429	a	3.465	124.6	6→	**385.9**	171.3	56.3	49.7	20.0
D	409	a	3.43	123.3	5→	**365.9**	151.3	36.3	29.7	
B	380	a	3.376	121.4	4→	**336.2**	121.7	6.7		
E	373	a	3.293	118.4	3→	**329.5**	**115.0**			
A	258	b	3.151	113.3	2→	**214.5**		SE=	35.95	
F	43.5	c								

图 8－5　随机区组试验过氧化氢酶活性数据完成方差分析的多重比较过程

（8）图 8－5 中将同一级阶梯上的两两差数和 E2：E6 值域中对应的 $LSR_{0.05}$值进行比较，如 G6、H5、I4、J3 和 K2 的两两差数，是第一级阶梯，秩次距都是 2，就都和 E6 单元格的 $LSR_{0.05}$值比较，其中，G6 单元格的

"214.5"和 H5 单元格"115.0"超过了"113.3"，即达到显著水平，将其字体加粗以示区别；G5、H4、I3 和 J2 的两两差数，是第二级阶梯，秩次距都是 3，就都和 E5 单元格的 $LSR_{0.05}$ 值比较，其中，G5 单元格的"329.5"和 H4 单元格"121.7"超过了"118.4"，即达到显著水平，将其字体加粗以示区别；G4、H3 和 I2 的两两差数，秩次距都是 4，就都和 E4 单元格的 $LSR_{0.05}$ 值比较，其中，G4 单元格的"336.2"和 H3 单元格的"151.3"超过了"121.4"，即达到显著水平，将其字体加粗以示区别；此操作过程以下类推，继续两遍后直到最高一级阶梯 G2 的两两差数"385.9"和 E2 单元格的 $LSR_{0.05}$ 值比较，超过"124.6"达到显著水平，字体加粗，完成 SSR 检验的全部比较工作。

（9）在 C2 单元格填写第一个英文小写字母 a，C3 单元格根据 K2"20.0"字体未加粗、差异不显著的信息标注字母 a，选定 C4 单元格，根据 J2"49.7"字体未加粗、差异不显著的信息继续标注字母 a，再选定 C5 单元格，根据 I2"56.3"字体未加粗、差异不显著的信息标注字母 a，继续选定 C6 单元格，根据 H2"171.3"字体已加粗、差异显著的信息改标字母 b；由于出现了不同字母，第一轮字母标注往上反转，看字母 b 能够往上标注多高，C5 单元格根据 H5"115.0"字体已加粗、差异显著的信息不再加标字母 b，第一轮字母标注结束。

（10）选定 C7 单元格，根据 G6"214.5"字体已加粗、差异显著的信息改标字母 c；由于又出现了不同字母，第二轮字母标注往上反转，看字母 c 能够往上标注多高，C6 单元格仍根据 G6"214.5"字体已加粗、差异显著的信息不再加标字母 c，第二轮字母标注结束。

表 8-2　使用 SPSS 软件多重比较结果的一种输出格式

处理	n	Subset for alpha＝0.05		
		1	2	3
F	3	43.5		
A	3		258	
E	3			373
B	3			380
D	3			409
C	3			429
Sig.		（　）	（　）	（　）

注：末行每个（　）内一定是一个大于5%的概率值。

由于 B7 单元格以下再没有未标注字母的平均数，显示 5%的差异显著性的字母标注工作全部结束。总共按 0.05 显著水平完成标注用了 3 个小写字母，就表明字母标注工作进行了 2 个轮次，全部平均数分为 3 个互不显著群。如果本例使用 SPSS 软件做多重比较，就会分三列以表 8－2 的格式输出结果。最终的结论就是处理 B、C、D、E（即镉浓度在 100～800 μmol/L 区间）的 CAT 活性无显著差异，且显著高于处理 A 和 F。

［例 8－2］ 图 8－6 中 R1C1：R7C5 为小麦栽培试验的产量结果（kg），随机区组设计，小区计产面积为 12 m^2，试作方差分析（盖钧镒，2022）。又假定该试验为一次完全随机设计的试验，体验一下方差分析表中误差项的分析结果与随机区组设计有何差别，看看划分区组的效果如何？

Excel 加载数据分析软件后的分析工具库中，单因素方差分析是适用于完全随机试验或者单一分组的调查数据的方差分析模式，无重复双因素分析是适用于随机区组试验或者无交互作用的两因素试验数据的方差分析模式。例 8－2 是区组之间系统性差异明显的实例，应该以无重复双因素分析完成的随机区组试验数据模式的方差分析表为准，如图 8－3 所示。如果按单因素方差分析完成的完全随机试验数据模式的方差分析表，会把本来明显属于区组效应的平方和“66444.67”和自由度“2”误判为随机变量不恰当地混入误差分量中，导致 F 值减小而降低了检验的灵敏度。

本例如图 8－6 所示，使用 Excel 分析工具库中单因素方差分析和无重复双因素分析两种路径完成方差分析表，方差比 F 值变化不大，表明这种场合区组之间的系统性差异不明显，按单因素方差分析完成的完全随机试验数据模式的方差分析表因为增加了误差分量的自由度，F 临界值会小些，反而增加了

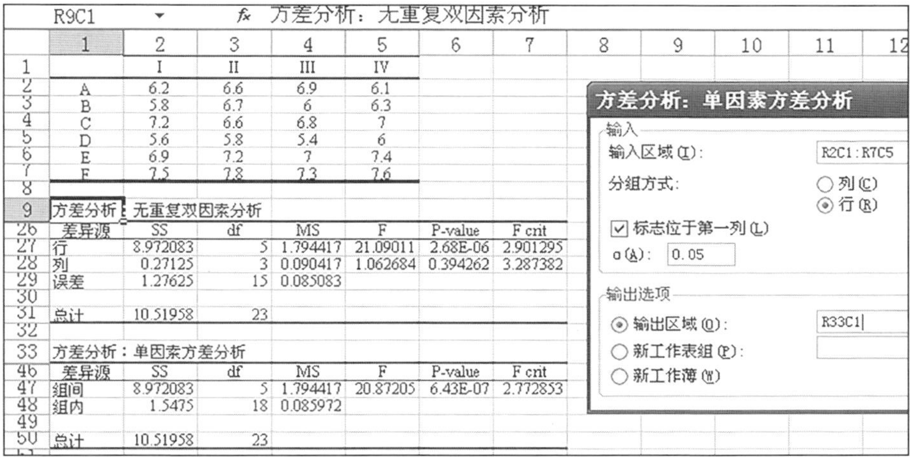

	I	II	III	IV
A	6.2	6.6	6.9	6.1
B	5.8	6.7	6	6.3
C	7.2	6.6	6.8	7
D	5.6	5.8	5.4	6
E	6.9	7.2	7	7.4
F	7.5	7.8	7.3	7.6

方差分析：无重复双因素分析

差异源	SS	df	MS	F	P-value	F crit
行	8.972083	5	1.794417	21.09011	2.68E-06	2.901295
列	0.27125	3	0.090417	1.062684	0.394262	3.287382
误差	1.27625	15	0.085083			
总计	10.51958	23				

方差分析：单因素方差分析

差异源	SS	df	MS	F	P-value	F crit
组间	8.972083	5	1.794417	20.87205	6.43E-07	2.772853
组内	1.5475	18	0.085972			
总计	10.51958	23				

图 8－6　完全随机和随机区组试验数据的方差分析结果

检验的灵敏度。所以，随机区组试验数据进行方差分析还要尽可能结合专业方面的知识或者已有试验结果的信息，如果区组差异不明显是常态，可以确认划分区组无效，Ⅰ、Ⅱ、Ⅲ、Ⅳ就不是 4 个区组，只是 4 个重复，也可以按完全随机试验数据模式进行方差分析。

三、作业与思考

1. 方差分析法怎样检验处理间倍数关系的显著性？

2. 如何理解方差分析条件中涉及的可加性？

3. 方差分析原理中，可加性全部内容有哪些？其误差均方 MS_e 的实质是什么？

4. 参照图 8-5 将例 8-2 随机区组试验结果按完全随机试验数据模式完成多重比较的字母标注工作。

实训9　拉丁方与交叉试验数据的方差分析

一、实训内容

借助 Excel 和 WPS 电子表格，针对拉丁方与交叉试验数据进行整理和方差分析，演练拉丁方试验数据使用分析工具结合计算组内矫正数两种路径完成方差分析表；借助交叉试验观察值整理出来的差数，熟悉交叉试验数据使用加载数据分析软件中的两个路径完成显著性检验的方法。

二、试验资料及上机操作

[例9-1] 为了研究不同饲料对奶牛产奶量的影响，设置了 A、B、C、D、E 5 种饲料，用 5 头奶牛进行试验，试验根据泌乳阶段分为 5 期，每期 4 周，采用 5×5 拉丁方设计。试验结果（单位：10 kg）列于下表 9-1，试对其进行方差分析（明道绪，2021）。

表9-1　不同饲料喂养奶牛的产奶量

编号	时期				
	（一）	（二）	（三）	（四）	（五）
Ⅰ	E（30）	A（32）	B（39）	C（39）	D（38）
Ⅱ	D（42）	C（39）	E（28）	B（37）	A（27）
Ⅲ	B（35）	E（36）	D（40）	A（26）	C（40）
Ⅳ	A（28）	D（40）	C（39）	E（28）	B（37）
Ⅴ	C（40）	B（38）	A（35）	D（43）	E（32）

【使用 WPS 进行拉丁方试验数据方差分析的操作过程】

（1）如图 9-1，在 B3：F7 数据区域输入牛号和时期对应的奶牛产奶量数据（不带字母）。

（2）选定 G3，"公式"中点开"自动求和"中的"Σ"，调出函数"SUM"，数值 1 中输入 B3：F3，确定得到牛号 Ⅰ 的所有观察值之和为"178"，后使用权柄往下复制出其他牛号的观察值之和 T_c；再选定 G10，单击"Σ"自动求和，调出函数"SUM"，数值 1 中输入 G3：G7，得到全试验所有观察值之和 T＝"888.0"。

（3）选定 H3，编算式"＝G3＊G3/5"算得牛号 Ⅰ 的组内矫正数为"6336.8"，后使用权柄往下复制出其他牛号的组内矫正数 C_c；再选定 H10，单击“Σ”自动求和，调出函数“SUM”，数值 1 中输入 H3∶H7，得到 5 个牛号的组内矫正数之和 ΣC_c= “31574.0”。

A19　fx　区组

牛号	时期 (一)	(二)	(三)	(四)	(五)	T_c	C_c
Ⅰ	30	32	39	39	38	178	6336.8
Ⅱ	42	39	28	37	27	173	5985.8
Ⅲ	35	36	40	26	40	177	6265.8
Ⅳ	28	40	39	28	37	172	5916.8
Ⅴ	40	38	35	43	32	188	7068.8
T_r	175	185	181	173	174		
C_r	6125.0	6845.0	6552.2	5985.8	6055.2		
∑			31563.2			888.0	31574.0

饲料	牛号 Ⅰ	Ⅱ	Ⅲ	Ⅳ	Ⅴ	T_i	C_i
A	32	27	26	28	35	148	4380.8
B	39	37	35	37	38	186	6919.2
C	39	39	40	39	40	197	7761.8
D	38	42	40	40	43	203	8241.8
E	30	28	36	28	32	154	4743.2
						888.0	32046.8

C	31541.8									
SS_T	632.2	df_T	24							
SS_c	32.2	df_c	4	SS_t	505.0	df_t	4			
SS_r	21.4	df_r	4	SS_e	73.5	df_e	12	SE	1.1	

方差分析表

	差异源	SS	df	MS	F	P-value	F crit
区组	牛号	32.2	4				
	时期	21.4	4				
	饲料	505.0	4	126.3	20.6	0.000026	3.3
	误差	73.5	12	6.1			
	总计	632.2	24				

图 9－1　拉丁方试验数据方差分析的过程

(4) 选定 B8，“公式”中点开“自动求和”中的“Σ”，调出函数“SUM”，数值 1 中输入 B3∶B7，确定得到时期（一）的所有观察值之和为“175”，后使用权柄往右复制出其他时期的观察值之和 T_r；再选定 B9，编算式“=B8 * B8/5”算得时期（一）的组内矫正数为“6125.0”，后使用权柄往右复制出其他时期的组内矫正数 C_r；再选定 B10，单击“Σ”自动求和，调出函数“SUM”，数值 1 中输入 B9∶F9，得到 5 个时期的组内矫正数之和 ΣC_r= “31563.2”。

(5) 选定 B12，编算式“= G10 * G10/25”算出全试验矫正数 C= “31541.8”；选定 B13，“公式”中点开“fx”，调出函数“DEVSQ”，数值 1 中输入 B3∶F7，确定得到总平方和 SS_T= “632.2”。

(6) 选定 B14，编算式“= H10－B12”算出行（牛号）平方和 SS_c= “32.2”；选定 B15，编算式“= B10－B12”算出列（时期）平方和 SS_r= “21.4”。

(7) 选定 E13，编算式“= 25－1”算出总自由度 df_T= “24”；选定 E14，编算式“=5－1”算出行自由度 df_c= “4”；选定 E15，编算式“=5－1”算出列自由度 df_r= “4”。

(8) 在 K3∶O7 数据区域输入饲料和牛号对应的奶牛产奶量数据；选定

P3，"公式"中点开"自动求和"中的"Σ"，调出函数"SUM"，数值 1 中输入 K3：O3，确定得到饲料 A 的所有观察值之和为"148"，后使用权柄往下复制出其他饲料的观察值之和 T_i。

（9）选定 Q3，编算式"＝P3 ＊ P3/5"算得饲料 A 的组内矫正数为"4380.8"，后使用权柄往下复制出其饲料的组内矫正数 C_i；再选定 Q10，单击"Σ"自动求和，调出函数"SUM"，数值 1 中输入 Q3：Q7，得到所有饲料的组内矫正数之和 $\Sigma C_i =$ "32046.8"。

（10）选定 K14，编算式"＝Q10－B12"算出处理分量平方和 $SS_t =$ "505.0"；选定 K15，编算式"＝B13－B14－B15－K14"算出误差分量平方和 $SS_e =$ "73.5"。

（11）选定 N14，编算式"＝5－1"算出处理分量自由度 $df_t =$ "4"；选定 N15，编算式"＝E13－E14－E15－N14"算出误差分量自由度 $df_e =$ "12"。

（12）列出方差分析表，继续选定 E21，编算式"＝C21/D21"计算出处理方差 $MS_t =$ "126.3"，使用权柄往下复制出误差方差 $MS_e =$ "6.1"；选定 F21，编算式"＝E21/E22"计算出 $F =$ "20.6"。

（13）选定 G21，调函数"FDIST"，对话框依次填入 F21、D21、D22，算得 $P =$ "0.000026"，或者选定 H21，调函数"FINV"，对话框依次填入 0.05、D21、D22，算得临界值 $F_{0.05} =$ "3.3"。

由此可知，F 值的概率小于 0.05（或者说 F 值大于临界值 $F_{0.05}$），可说明不同饲料对奶牛产奶量的影响存在显著差异。继续选定 Q15，调出函数"SQRT"，编算式"＝SQRT（E22/5）"算出用于各处理（饲料）平均数做多重比较的标准误 $SE =$ "1.1"。因为本例是单因素试验，5 种不同的饲料就是 5 个试验处理，接下来就只需要用这个标准误根据误差自由度 $df_e =$ "12"和查得 $SSR_{0.05}$ 或者 $q_{0.05}$ 临界值后算出最小显著极差 $LSR_{0.05}$，对 5 个处理平均数之间的两两差数按不同的秩次距进行多重比较。

■ 提示与拓展

本例完成方差分析表最关键的是图 9－1 中 C19、C20 和 C21 单元格可控因素分量如何算出，选定任一空单元格，调用插入函数"DEVSQ"，对话框选定 G3：G7 值域，确认后再在编辑栏键入"/5"补全算式也可算得横行区组平方和分量 $SS_c =$ "32.2"，和 B14 单元格的结果相互验证。再选定一空单元格，调用插入函数"DEVSQ"，对话框选定 B8：F8 值域，确认后再在编辑栏键入"/5"补全算式也可算得纵列区组平方和分量 $SS_r =$ "21.4"，和 B15 单元格的结果相互验证。继续选定一空单元格，调用插入函数"DEVSQ",对话框选定 P3：P7 值域,确认后再在编辑栏键入"/5"补全算式也可算得纵列区组平方和分量 $SS_t =$ "505.0",和 K14 单元格的结果相互验证。

【Excel 电子表格中完成拉丁方试验数据方差分析的操作过程】

（1）打开任一空白工作表,如图 9-2 所示,将产奶量数据（不带字母）输入 B2：F6。

（2）点开调出"数据分析",对话框选定"无重复双因素方差分析"类型,对话框中的"输入区域"选定 B2：F6 值域,输出区域选定 A7 单元格后点击"确定",先得到图 9-2 中 A24：G29 值域的方差分析表,平方和总量 SS_T、不同牛号和不同时期的平方和分量 SS_r、SS_c,如 B25：B29 值域所示。

（3）将产奶量数据按 5 种饲料归组再输入 I2：M6,并将同一行每种饲料的 5 头奶牛产奶量小计在 O2：O6 值域,选定 N2 单元格,调出函数"COUNT",对话框输入值域范围选定 I2：M2 值域,得到饲料 A 处理的观察值个数"5"后往下拖拽至 N6 单元格。

（4）选定空单元格 P2,编算式"＝O2＊O2/N2"算得饲料 A 的组内矫正数"4380.8"后往下拖拽至 P6 单元格,单元格块延续选定至 P7,使用自动求和按钮将 5 种饲料的组内矫正数合计在 P7 单元格。

（5）选定 P7 单元格,往左拖拽至 O7、N7 单元格得到全部观察值总和"888"和观察值总个数"25",选定 J24 单元格,编算式"＝O7＊O7/N7"算得全试验矫正数 $C =$ "31542"。

（6）选定 J27 单元格,编算式"＝P7－J24"算得处理平方和分量 $SS_t =$ "505.04"。

	P2		▼	fx	=O2*O2/N2										
	A	B	C	D	E	F	G	H	I	J	K	L	M	N	O	P
1		(一)	(二)	(三)	(四)	(五)		饲料	奶牛产奶量(单位：10kg)					n_i	T_i	C_i
2	I	30	32	39	39	38		A	32	27	26	28	35	5	148	4380.8
3	II	42	39	28	37	27		B	39	37	35	37	38	5	186	6919.2
4	III	35	36	40	26	40		C	39	39	40	39	40	5	197	7761.8
5	IV	28	40	39	28	37		D	38	42	40	40	43	5	203	8241.8
6	V	40	38	35	43	32		E	30	28	36	28	32	5	154	4743.2
7	方差分析：无重复双因素分析							合计						25	888	32047
24	差异源	SS	df	MS	F	P-value	F crit	矫正数		$C=$	31542					
25	行	32.24	4	8.06	0.2229	0.9217	3.01	牛号：	$SS_r=$	32.24		$df_r=$	4			
26	列	21.44	4	5.36	0.1482	0.9611	3.01	时期：	$SS_c=$	21.44		$df_c=$	4			
27	误差	578.56	16	36.16				饲料：	$SS_t=$	505.04		$df_t=$	4			
28								误差：	$SS_e=$	73.52		$df_e=$	12			
29	总计	632.24	24					总计：	$SS_T=$	632.24		$df_T=$	24			

图 9-2 综合双因素、单因素模式完成拉丁方试验数据的方差分析

（7）选定 J28 单元格,编算式"＝B29－B25－B26－J27"算得误差平方

和分量 SS_e＝"73.5"；由此可见，B27 单元格的"误差"分量"578.56"包括了处理分量"505.04"，C27 单元格的"误差"自由度分量"16"也是如此，包含了处理自由度 df_t＝"4"。

接下来的工作就和图 9-1 中 WPS 电子表格的 B18：H23 值域操作步骤和结果相同。

[例 9-2] 研究母鸡口服蜂王浆（A_1）提高产蛋量的效果，为了便于和对照（A_2，即未服蜂王浆）进行比较，共准备了个体差异较小的母鸡 20 只，分别编号为 01、02、03、…、20 号，试验分 C_1、C_2 两期，试进行交叉设计。试验方案随机分组如表 9-2 所示（贵州农学院，1993）。根据试验实施后得到的试验结果，已算出 B_1、B_2 两个随机组群中每一个母鸡产蛋量的二水平差值 d_i（注意正负号），试予分析。

表 9-2　蜂王浆提高母鸡产蛋量的交叉试验结果

编号 时期		B_1										小计
		01	03	06	07	08	09	11	12	15	19	
C_1	A_1	13	19	18	21	13	13	18	12	10	11	
C_2	A_2	7	13	18	10	7	9	13	14	10	8	
d_1		6	6	0	11	6	4	5	−2	0	3	39
编号 时期		B_2										小计
		02	04	05	10	13	14	16	17	18	20	
C_1	A_2	11	15	13	17	9	4	9	7	11	8	
C_2	A_1	6	16	18	18	12	6	15	15	17	17	
d_2		5	−1	−5	−1	−3	−2	−6	−8	−6	−9	−36

如图 9-3 所示，将表 9-2 中 20 个母鸡产蛋量的二水平差值录入 A2：B11 值域，先选定 B13 单元格，调出统计类函数"FTEST"→对话框两行分别输入 A2：A11 和 B2：B11 值域→确定后得到两尾概率"0.824"后确认为"双样本等方差"→点开"数据分析"软件→拖动滑块找到"双样本等方差假设" t 检验类型→变量 1 和变量 2 分别输入 A2：A11 和 B2：B11 值域→输出区域选定 D1，确定后得到两尾概率"0.0005"及 t 值"4.227"等一系列结果。

继续调出"数据分析"对话框→选定"单因素方差分析"类型→默认对话框中的"列"分组方式→输入 A2：B11 值域，输出区域选定 H1 作为起始单元格→点击"确定"可得到如图 H9：N13 值域的方差分析表。任选一空单元格，编算式"＝E9＊E9"将所算 t 值"4.227"平方得到"17.87"，和 L10 单元格的 F 值完全相等，验证了计算方差比 F 值的分子方差为 1 时，$F=t^2$ 的数学规律！而且因为是只有两个处理的单因素试验设计，完成方差分析表后就可

B13 f_x =FTEST(A2:A11,B2:B11)

	A	B	C	D	E	F	G	H	I	J	K	L	M	N
1	d_1	d_2		t-检验: 双样本等方差假设				方差分析：单因素方差分析						
2	6	5			d1	d2		SUMMARY						
3	6	-1		平均	3.9	-3.6		组	观测数	求和	平均	方差		
4	0	-5		方差	14.54	16.93		d1	10	39	3.9	14.54		
5	11	-1		观测值	10	10		d2	10	-36	-3.6	16.93		
6	6	-3		合并方差	15.74									
7	4	-2		假设平均差	0									
8	5	-6		df	18			方差分析						
9	-2	-8		t Stat	4.227			差异源	SS	df	MS	F	P-value	F crit
10	0	-6		P(T<=t) 单尾	3E-04			组间	281.3	1	281.3	17.87	5E-04	4.414
11	3	-9		t 单尾临界	1.734			组内	283.3	18	15.74			
12				P(T<=t) 双尾	5E-04									
13		0.824		t 双尾临界	2.101			总计	564.6	19				

图 9-3　交叉试验数据使用数据分析软件完成 t 检验和方差分析的过程

以根据 F 值显著直接得出 A_1 和 A_2 差异极其显著的结论，不需要再进行秩次距只有 2 的两两差数的多重比较。所以，交叉试验设计的试验数据，只要先将试验观察值算出二水平差值 d_i，不论是 t 检验还是方差分析都很简便。

三、作业与思考

1. 研究不同温度对蛋鸡月产蛋量的影响，设置了 A、B、C、D、E 5 种室内温度，用 25 只蛋鸡进行试验，由于不同鸡群和不同产蛋期的差异较大，采用 5×5 拉丁方设计，鸡群和产蛋期分别作为单位组设置（明道绪，2021）。试验结果（产蛋个数）列于表 9-3，请使用 Excel 分析工具库中的“单因素方差分析”和“无重复双因素分析”完成方差分析表，比较这两个菜单运行后得到的“误差”分量综合的信息有何异同。

表 9-3　不同温度蛋鸡的月产蛋量（个）

产蛋期	鸡群				
	（一）	（二）	（三）	（四）	（五）
Ⅰ	B（23）	A（21）	C（24）	D（21）	E（19）
Ⅱ	C（22）	E（20）	A（20）	B（21）	D（22）
Ⅲ	A（20）	C（25）	D（26）	E（22）	B（23）
Ⅳ	D（25）	B（22）	E（25）	A（21）	C（23）
Ⅴ	E（19）	D（20）	B（24）	C（22）	A（19）

2. 为什么例 9-2 可以按双样本等方差路径完成 t 检验？

*3. 例 9-2 如果有条件进行配对设计，则其方案实施后试验结果在应用 Excel 中进行分析时与交叉设计相比有何异同？

实训 10 两因素试验数据的方差分析

一、实训内容

使用 Excel 和 WPS 电子表格针对两因素试验数据进行整理和方差分析，演练复因素试验数据平方和与自由度两个层次的分解过程，熟悉两因素数据模式的方差分析与单因素数据模式方差分析的联系和区别；借助两因素试验数据主效应、互作效应平方和分量验证正交表列名，体验正交表在经典试验统计中的自动检校功能。

二、试验资料及上机操作

[例 10-1] 推广棕色彩棉（B_1）的施肥试验，对照品种为湘杂 2 号（B_2），氮肥按每 667 m^2 施 0 kg（A_1）、10 kg（A_2）、20 kg（A_3）、30 kg（A_4）设计数量水平，得到 2000—2004 年籽棉产量（kg）的 5 年重复观察结果，如图 10-1 中 A20：E30 所示（侯必新，2006）。由于不同年份间差异极小，试按两因素完全随机和随机区组两种试验数据模式完成方差分析。

	A	B	C	D	E	F	G	H	I	J	K	L	M
	A25			f_x	B1								
20		A_1	A_2	A_3	A_4								
21	B_1	126.9	162.7	197.7	149.1								
22	B_1	131.5	157.9	192.1	158.6								
23	B_1	131.5	158.2	184.3	157.3		方差分析						
24	B_1	134.4	168.4	190.9	142.6		差异源	SS	df	MS	F	P-value	F crit
25	B_1	133.2	169.7	191.8	143.1		样本	133252.4	1	133252.4	716.01	1.8E-23	4.1491
26	B_2	212.7	248.4	323.3	345.2		列	37925.43	3	12641.81	67.928	5.71E-14	2.9011
27	B_2	187	237.4	323.5	342.5		交互	14221.24	3	4740.413	25.472	1.3E-08	2.9011
28	B_2	191.6	253	309.2	332.8		内部	5955.36	32	186.105			
29	B_2	218.6	264.9	283.9	302.6								
30	B_2	224.2	288.7	293.1	307.7		总计	191354.4	39				

图 10-1 使用分析工具完成两因素完全随机试验数据的方差分析

【Excel 表格中使用数据分析软件完成方差分析的操作方法】

本例图 10-1 中 A20：E30 值域的试验原始数据参照分析工具库中加载的数据分析软件分析时，可使用"可重复双因素分析"完成作为两因素完全随机试验设计的方差分析表，其过程参见图 10-2，对话框中每一样本的行数为"5"，即试验处理的重复次数。

图 10-2 中 A8：E18 值域的数据是图 10-1 中 A20：E30 值域的原始数据

（试验观测值）一律减去 200 后的差数，和图 10 - 3 中 A8：H12 值域的数据由 A2：H6 一律减去 200 的方法一样，便于过程操作，不影响各项平方和的计算结果。所以使用"可重复双因素分析"选定图 10 - 2 中 A8：E18 值域的数据输入数据分析软件的这个菜单完成方差分析表将不受任何影响。

图 10 - 2　两因素试验数据使用数据分析软件的操作过程

如图 10 - 3 所示，本例还可以借助单因素数据的整理格式，将氮肥（A）和品种（B）两因素的 8 个水平组合重新整理，视为单因素的 8 个处理，先参考图 10 - 3 使用数据分析软件中的"单因素方差分析"和"无重复双因素分析"，按完全随机和随机区组两种数据模式完成方差分析表，看看视年份为区组的效果。

	A	B	C	D	E	F	G	H	I	J	K	L	M	N	O	P
1	A_1B_1	A_1B_2	A_2B_1	A_2B_2	A_3B_1	A_3B_2	A_4B_1	A_4B_2	:	单因素方差分析						
2	126.9	212.7	162.7	248.4	197.7	323.3	149.1	345.2		差异源	SS	df	MS	F	P-value	F crit
3	131.5	187	157.9	237.4	192.1	323.5	158.6	342.5		组间	185399.1	7	26485.6	142.32	2.9E-22	2.3127
4	131.5	191.6	158.2	253	184.3	309.2	157.3	332.8		组内	5955.4	32	186.1			
5	134.4	218.6	168.4	264.9	190.9	283.9	142.6	302.0								
6	133.2	224.5	169.7	288.7	191.8	293.1	143.1	307.7		总计	191354.4	39				
7	(1)	(2)	(3)	(4)	(5)	(6)	(7)	(8)	:	无重复双因素分析						
8	-73.1	12.7	-37.3	48.4	-2.3	123.3	-50.9	145.2		差异源	SS	df	MS	F	P-value	F crit
9	-68.5	-13	-42.1	37.4	-7.9	123.5	-41.4	142.5		行	297.3	4	74.3	0.3678	0.82948	2.7141
10	-68.5	-8.4	-41.8	53	-15.7	109.2	-42.7	132.8		列	185399.1	7	26485.6	131.07	1.1E-19	2.3593
11	-65.6	18.6	-31.6	64.9	-9.1	83.9	-57.4	102.6		误差	5658.1	28	202.1			
12	-66.8	24.5	-30.3	88.7	-8.2	93.1	-56.9	107.7								
13	-342.5	34.4	-183.1	292.4	-43.2	533	-249.3	630.8		总计	191354.4	39				

图 10 - 3　两因素试验数据与单因素试验数据方差分析过程的联系

（1）在 Microsoft Excel 界面空白工作表的 A2：H6 值域中按 A1：H1 两因素 8 个处理的顺序将图 10 - 1 中籽棉产量数据重新整理录入顺序，如图 10 - 3 所示。

（2）选定 A8：H12，编算式"＝A2：H6－200"，同时敲击"Ctrl＋Shift＋

Enter"键,将所有产量数据计算出 40 个差数。

（3）确认进入当前 Excel 表格的"数据"页,调出"数据分析"对话框→选定"单因素方差分析"类型,点开后输入 A7：H12 值域→勾选对话框"标志值在第一行",默认"列"分组方式→重新选定"J1"输出区域起点单元格后点击"确定"可得方差分析表。

（4）选定方差分析表上方大致为 J2：P15 的单元格块,右键选定"删除"菜单后确认"下方单元格上移"方式,方差分析表值域如图 10－3 中 J2：P6 所示。

（5）返回"数据分析"对话框,重新选定对话框中的"无重复双因素分析",点开后输入 A8：H12 值域→重新选定"J7"输出区域起点单元格→点击"确定"可得方差分析表。

（6）选定方差分析表上方大致为 J8：P26 的单元格块,右键选定"删除"菜单后确认"下方单元格上移"方式,方差分析表值域如图 10－3 中 J8：P13 所示。

还可以体验复因素试验平方和总量两个层次的分解结果与这两个方差分析表的联系,如图 10－3 中 K3（或者 K10）单元格体现 8 个水平组合差异的复因素处理平方和 SS_t ＝"185399.1",和图 10－1 中编算式"＝H25＋H26＋H27"得到的"185399.1"就可以相互验证,体现复因素处理平方和的再分解层次。以该两因素完全随机试验数据为例：

分解层次→$SS_T(191354.4)＝SS_t(185399.1)＋SS_e(5955.4)$

再分解层次→$SS_t(185399.1)＝SS_A(37925.43)＋SS_B(133252.4)＋SS_{AB}$(14221.24)

如果是两因素随机区组试验数据模式,则以上的再分解层次的结果不变,只需将分解层次的分解结果更新为：

分解层次→$SS_T(191354.4)＝SS_r(297.3)＋SS_t(185399.1)＋SS_e(5658.1)$

从图 10－3 使用数据分析软件中的"单因素方差分析"和"无重复双因素分析"分别按完全随机和随机区组两种数据模式完成的方差分析表来看,N9单元格的方差比 $F＝$"0.3678"显示本案例按 5 个年份设置的重复区组差异极小。这和图 8－6 中的 I、II、III、IV 可以不算区组一样,5 个年份就只是 5 个重复,只按两因素完全随机试验数据模式进行方差分析,可以根据图 10－1 的方差分析表完成后续多重比较。因为图 10－1 中 K27 单元格显示的交互作用 $F＝$"25.47"极其显著,所以,不论 A 因素还是 B 因素,同一因素各水平之间的差异显著性并不重要,重要的是需要对两因素的 8 个处理平均数进行多重比较。

图 10－1 中任选一空单元格如 J19,调出函数"SQRT"、对话框编算式"＝J28/5"算出用于两两差数做多重比较的标准误 $SE＝$"6.101",与图 10－3使用"单因素方差分析"模式得到的方差分析表中,使用 M4 单元格的误差方差计算标准误的结果完全一致。然后根据误差自由度 $df_e＝$"32"和查得

$SSR_{0.05}$ 或者 $q_{0.05}$ 临界值后算出最小显著极差 $LSR_{0.05}$，对 A、B 两个因素 8 个处理平均数之间的两两差数按不同的秩次距进行多重比较。

【Excel 表格中两因素试验数据完成多重比较的操作步骤】

（1）进入 Microsoft Excel 界面，在空白工作表中用图 10-3 中 A2：H6 值域计算 5 个年份各处理棉花产量的平均数，显示在图 10-4 所示的 B2：B9 值域，并在 A2：A9 值域依次填写对应的水平组合字母代号。

（2）选定 A2：B9，进入"开始"界面页点开"排序和筛选"，确认"自定义排序"菜单后，对话框主要关键字依次下拉选出"平均数""数值""降序"后回车。

（3）选定 G2：G8 空单元格块，按下"＝"后选定 B2：B8 值域，再键入"－B9"补全算式，同时敲击"Ctrl＋Shift＋Enter"键，计算出 7 个两两差数。

（4）选定 H2：H7 空单元格块，按下"＝"后选定 B2：B7 值域，再键入"－B8"补全算式，同时敲击"Ctrl＋Shift＋Enter"键，再计算出 6 个两两差数。

（5）选定 I2：I6 空单元格块，按下"＝"后选定 B2：B6 值域，再键入"－B7"补全算式，同时敲击"Ctrl＋Shift＋Enter"键，又计算出 5 个两两差数；此操作过程以下类推，继续 4 遍后直到算出最后一个单元格 M2 的两两差数"19.6"，完成三角梯形表。

（6）将 28 个两两差数的一部分差数显示右框线和下框线，如图 10-4 一样完成阶梯状框线的设置，彰显从指向箭头"→"开始沿阶梯线走向的两两差数属于同一个秩次距的规律。

（7）在 F2：F8 空单元格块降序填入秩次距 2～8，在 D2：D8 空单元格块录入按自由度 $df_e = 32$ 查得对应的 $SSR_{0.05}$ 临界值；然后选定 L8 空单元格，按下"＝"后直接选定图 10-1 中 J19 单元格的标准误数值 $SE = $ "6.101"，再选定 E2：E8 空单元格块，按下"＝"后选定 D2：D8 值域，再键入"＊L8"补全算式，同时敲击"Ctrl＋Shift＋Enter"键，计算出 8 个最小显著极差 $LSR_{0.05}$ 的值。

（8）图 10-4 中将同一级阶梯上的两两差数和 E2：E8 值域中对应的 $LSR_{0.05}$ 值进行比较，如 G8、H7、I6、J5、K4、L3 和 M2 的两两差数，是第一级阶梯，秩次距都是 2，就都和 E8 单元格的 $LSR_{0.05}$ 值比较，其中，G8 单元格的"18.6"、I6 单元格的"28.0"、K4 单元格的"51.6"、L3 单元格的"48.1"和 M2 单元格"19.6"超过了"17.577"，即达到显著水平，将其字体加粗以示区别；G7、H6、I5、J4、K3 和 L2 的两两差数，是第二级阶梯，秩次距都是 3，都和 E7 单元格的 $LSR_{0.05}$ 值比较，都超过了"18.474"，即达到显著水平，将其字体加粗以示区别；G6、H5、I4、J3 和 K2 的两两差数，秩次距都是 4，都和 E6 单元格的 $LSR_{0.05}$ 值比较，都超过了"19.053"，即达到

G2　ｆx {=B2:B8-B9}

	A	B	C	D	E	F	G	H	I	J	K	L	M
1	处理	平均数	5%差异	$SSR_{0.05}$	$LSR_{0.05}$	秩次距	-11.83	-12.38	-12.38	-12.74	-13.49	-13.88	-14.5
2	A_4B_2	326.2	a	3.317	20.237	8→	**194.7**	176.0	162.8	134.8	119.3	67.7	19.6
3	A_3B_2	306.6	b	3.284	20.035	7→	175.1	156.5	143.2	115.2	99.7	48.1	
4	A_2B_2	258.5	c	3.243	19.785	6→	127.0	108.3	95.1	67.1	51.6		
5	A_1B_2	206.9	d	3.192	19.474	5→	75.4	56.7	43.5	15.5			
6	A_3B_1	191.4		3.123	19.053	4→	59.9	41.2	28.0				
7	A_2B_1	163.4	e	3.028	18.474	3→	31.9	13.2			$SE=$	6.101	
8	A_4B_1	150.1	e	2.881	17.577	2→	18.6						
9	A_1B_1	131.5	f										

图 10-4　两因素完全随机试验棉花产量数据完成方差分析的多重比较过程

显著水平，将其字体加粗以示区别；此操作过程以下类推，继续 4 遍后直到最高一级阶梯 G2 的两两差数"194.7"和 E2 单元格的 $LSR_{0.05}$ 值比较，超过"20.237"达到显著水平，字体加粗，完成 SSR 检验的全部比较工作。

（9）在 C2 单元格填写第 1 个英文小写字母 a，C3 单元格根据 M2"19.6"字体已加粗、差异显著的信息改标字母 b；由于出现了不同字母，第 1 轮字母标注往上反转，看字母 b 能够往上标注多高，C2 单元格仍根据 M2"19.6"字体已加粗、差异显著的信息不再加标字母 b，第 1 轮字母标注结束。

（10）选定 C4 单元格，根据 L3"48.1"已加粗、差异显著的信息改标字母 c；由于又出现了不同字母，第 2 轮字母标注往上反转，看字母 c 能够往上标注多高，C3 单元格仍根据 L2"48.1"字体已加粗、差异显著的信息不再加标字母 c，第 2 轮字母标注结束。

（11）C5 单元格根据 K4"51.6"字体已加粗、差异显著的信息改标字母 d，由于出现了不同字母，第 3 轮字母标注往上反转，看字母 d 能够往上标注多高，C4 单元格仍根据 K4"51.6"字体已加粗、差异显著的信息不再加标字母 d，第 3 轮字母标注结束。

（12）C6 单元格单元格根据 J5"15.5"字体未加粗、差异不显著的信息标注字母 d，C7 单元格根据 I6"28.0"字体已加粗、差异显著的信息改标字母 e，由于出现了不同字母，第 4 轮字母标注往上反转，看字母 e 能够往上标注多高，C6 单元格仍根据 I6"28.0"字体已加粗、差异显著的信息不再加标字母 e，第 4 轮字母标注结束。

（13）C8 单元格根据 H7"13.2"字体未加粗、差异不显著的信息标注字母 e，C9 单元格根据 G8"18.6"字体已加粗、差异显著的信息改标字母 f，由于出现了不同字母，第 5 轮字母标注往上反转，看字母 f 能够往上标注多高，C8 单元格仍根据 H8"18.6"字体已加粗、差异显著的信息不再加标字母 f，第 5 轮字母标注结束。

由于 B9 单元格以下再没有未标注字母的平均数，显示 5% 的差异显著性的字母标注工作全部结束。总共按 0.05 显著水平完成标注用了 6 个小写字母，就表明字母标注工作进行了 5 个轮次，全部平均数分为 6 个互不显著群。如果本例使用 SPSS 软件做多重比较，就会按 6 列以表 10-1 的格式输出结果。最终的结论是 A、B 两因素的水平组合 A_4B_2 是所有 8 个处理中最好的，即湘杂棉 B_2 使用施肥量 A_4 产量最高。如果考虑棕彩棉的特殊价值，那就是 A_3B_1 处理为优选，即棕彩棉 B_1 使用施肥量 A_3 产量相对较高。

表 10-1　使用 SPSS 软件多重比较结果的一种输出格式

处理	n	Subset for alpha=0.05					
		1	2	3	4	5	6
A_1B_1	5	131.5					
A_4B_1	5		150.1				
A_2B_1	5		163.4				
A_3B_1	5			191.4			
A_1B_2	5			206.9			
A_2B_2	5				258.5		
A_3B_2	5					306.6	
A_4B_2	5						326.2
$Sig.$		（　）	（　）	（　）	（　）	（　）	（　）

注：末行每个（　）内一定是一个大于 5% 的概率值。

【Excel 表格中复因素试验数据套正交表完成方差分析的操作方法】

本例综合 5 年的观察，根据"费雪三原则"将 5 个年份视为重复，不同棉花品种和不同施氮量就是试验因素，按照两因素完全随机试验数据模式进行方差分析时，继续套用正交表 L_8（4×2^4）整理如图 10-5，直至完成方差分析表，就可以通过复因素试验数据各主效应、互作效应平方和分量的计算验证正交表的列名。即将例 10-1 的氮肥施用量（A）和棉花品种（B）分别对应正交表 L_8（4×2^4）中的第 1 列和第 2 列的水平编码整理试验原始数据，由于观察值大，继续依据图 10-3 中 A8：H12 值域的 40 个差数，全选 A8：H13 单元格块，使用自动求和功能合计出 A13：H13 值域的 8 列 T_{ij} 值，即各处理 5 个重复的合计值。

（1）沿用图 10-3 中 8 个水平组合的数据整理模式，将正交表 L_8（4×2^4）的全部水平编码录入 R3：W10 单元格块，选定 X3：X10 单元格块，调用插入函数"TRANSPOSE"，对话框中填入 A8：H12 值域的各列合计值 A13：H13，同时敲击"Ctrl＋Shift＋Enter"键，得到各水平组合的 T_{ij} 值，并重新按列排序对应正交表的 8 行组合（图 10-5）。

（2）使用自动求和功能将 X3：X10 合计值算出来，在 X11 中显示为"672.5"，再选定 X13 空单元格，编算式"＝X11＊X11/40"，得到全试验矫正数 C＝"11306.4"。

	W11			f_x	=X3+X6+X8+X9									
	R	S	T	U	V	W	X	Y	Z	AA	AB	AC	AD	AE	AF
1	组合	1	2	3	4	5	T_{ij}	C_{ij}			1	1	1	1	1
2		A	B	$A\times B$	$A\times B$	$A\times B$				C_1	9492.6	33464.4	20365.0	14445.3	2728.4
3	(1)	1	1	1	1	1	-342.5	23461.3		C_2	1194.6	111094.4	58.8	911.2	9631.7
4	(2)	1	1	2	2	2	34.4	236.7		C_3	23990.4				
5	(3)	2	1	1	2	2	-183.1	6705.1		C_4	14554.2				
6	(4)	2	1	2	1	1	292.4	17099.6		Σ	49231.8	144558.8	20423.8	15356.6	12360.1
7	(5)	3	2	1	1	2	-43.2	373.2		SS	37925.4	133252.4	9117.4	4050.2	1053.7
8	(6)	3	2	2	2	1	533	56817.8		不同棉花品种施氮肥试验结果的方差分析表					
9	(7)	4	2	1	2	1	-249.3	12430.1		差异源	DF	SS	MS	F	Pr(>F)
10	(8)	4	2	2	1	1	630.8	79581.7		品种(B)	1	133252.4	133252.4	716.0	1.8E-23
11	T_1	-308.1	-818.1	638.2	537.5	233.6	672.5			施氮(A)	3	37925.4	12641.8	67.9	5.71E-14
12	T_2	109.3	1491	34.3	135	438.9		196705.5		$A\times B$	3	14221.2	4740.4	25.5	1.3E-08
13	T_3	489.8						11306.4		误差	32	5955.4	186.1		
14	T_4	381.5								总	39	191354.4			

图 10-5　使用组内矫正数套正交表格式完成两因素试验方差分析表的过程

（3）选定 Y3 空单元格，编算式"＝X3＊X3/5"，确认后得到第一个组合的组内矫正数"23461.3"，往下拖拽直至 Y10 单元格后，得到 C_{ij} 列的共 8 个水平组合的组内矫正数，再使用自动求和功能将合计值 ΣC_{ij} 算出来，在 Y11 的合并空单元格显示为"196705.5"。

（4）正交表各列 T_1、T_2、T_3、T_4 的合计方法如图 10-5 中的 W11 单元格所示，如第 5 列的 T_1＝"233.6"就是由该列水平编码 1 对应的 X3、X6、X8、X9 所在的 T_{ij} 值合计；同理，T_2＝"438.9"就是由该列水平编码 2 对应的 X4、X5、X7、X10 所在的 T_{ij} 值合计。

（5）正交表第 2、3、4 列 T_1、T_2 值的合计方法按上述第 5 列类推，各水平合计值都由 4 个对应的 T_{ij} 值（即 20 个试验观察值）合计，只有第 1 列的 T_1、T_2、T_3、T_4 值仅由 2 个 T_{ij} 值（即 10 个试验观察值）合计。

（6）第 1 列 C_1、C_2、C_3、C_4 遵循合计值 T_1、T_2、T_3、T_4 的格式进行计算，选定 AB2 空单元格，编算式"＝S11＊S11/10"，确认得到"9492.6"后往下拖拽到 AB5 单元格。

（7）第 2、3、4、5 列 C_1、C_2 遵循合计值 T_1、T_2 的格式进行计算，选定 AC2 空单元格，编算式"＝T11＊T11/20"，确认得到"33464.4"后往右往下拖拽到 AF3 单元格。

（8）全选 AB2：AF5 单元格块，使用自动求和功能合计出 AB6：AF6 值域的 5 个组内矫正数汇总的合计值。

（9）全选 AB7：AF7 单元格块，编算式"＝AB6：AF6－X13"，同时敲击"Ctrl＋Shift＋Enter"键，计算出正交表各列平方和 SS。

（10）在 AA9：AF14 值域填写两因素完全随机试验数据模式方差分析表中的文本标志，选定 AC14 单元格，调用插入函数"DEVSQ"，全选如图 10-3 中 A8：H12 值域的 40 个差数数据可算得 $SS_T=$ "191354.4"，并在 AB14 单元格填入总自由度"39"。

（11）选定 AC10 单元格，编等式"＝AC7"，得到体现棉花品种（B）间差异的平方和 $SS_B=$ "133252.4"，在 AB10 单元格填入自由度"1"。

（12）选定 AC11 单元格，编等式"＝AB7"，得到体现氮肥施用量（A）间差异的平方和 $SS_A=$ "37925.4"，在 AB11 单元格填入自由度"3"。

（13）选定 AC12 单元格，编算式"＝Y11－X13－AC10－AC11"，算出体现 A、B 两因素平方和交互作用的平方和 $SS_{AB}=$ "14221.24"；任选一空单元格，编算式"＝AD7＋AE7＋AF7"算得"14221.2"，也是 SS_{AB}，所以在 AB12 单元格填入自由度"3"。

（14）选定 AC13 单元格，编算式"＝AC14－AC10－AC11－AC12"，算出误差平方和 $SS_A=$ "5955.4"，在 AB13 单元格编算式"＝AB14－AB10－AB11－AB12"算出误差自由度"32"。

（15）选定 AD10 单元格，编算式"＝AC10/AB10"，算出体现 B 因素主效应的方差 $MS_B=$ "133252.4"，往下拖拽，直到算出 AD13 单元格的误差方差"186.1"为止。

（16）选定 AD10：AD12 单元格块，编算式"＝AD10：AD12/AD13"，同时敲击"Ctrl＋Shift＋Enter"键，一次性算出 3 个 F 值。

（17）选定 AF10 单元格，调用插入函数"FDIST"，对话框依次填入"AE10""AB10""AB13"，算得右尾概率 $P=$ "1.8×10^{-23}"；选定 AF11 单元格，调用插入函数"FDIST"，对话框依次填入"AE11""AB11""AB13"，算得右尾概率 $P=$ "5.71×10^{-14}"；再选定 AF12 单元格，调用插入函数"FDIST"，对话框依次填入"AE12""AB12""AB13"，算得右尾概率 $P=$ "1.3×10^{-8}"。

由此可见，套用正交表 L_8（4×2^4）分析两因素完全随机试验的数据结果时，第 1 列"37925.4"即 SS_A，第 2 列"133252.4"即 SS_B。第 3、4、5 列的 3 个平方和分量 9117.4、4050.2、1053.7 合计，就是 SS_{AB} "14221.2"，该 3 列各具有 1 个自由度（即各列编码数减 1），合计的自由度就是 3，也等于 df_{AB}。所以，不论 AD7：AF7 值域的 3 个分量的平方和还是与之对应的自由度，合计值都一定和图 10-1 中 H27 和 I27 分解出的 SS_{AB} 和 df_{AB} 的结果等同。

这就是本例套用正交表整理数据的原因，即能够验证该正交表的表头设计规律，第1列与其他任何一列的交互作用就是其余3列。就如同本例这样，如果棉花品种和施肥量之间要考察互作效应，一定能够用正交表 L_8（4×2^4）中交互作用所在的3、4、5列从平方和与自由度两个方面分别汇总出来。正交表的交互作用可以通过相应数据模式全面实施的复因素试验（非正交试验）结果的平方和、自由度的分解结果进行验证，这一功能不妨称之为"自动检校"，是常用正交表的普遍规律。详情参考万海清等（2007）发表的文献。

任选一个空单元格编算式"＝AB10＋AB11＋AB12"得到 df_t＝"7"，再往右拖拽得到按算式"＝AC10＋AC11＋AC12"算出的处理平方和 SS_t＝"185399.1"，和图10－3中K3（或者K10）单元格体现8个水平组合差异的处理平方和 SS_t＝"185399.1"相互验证，表明两因素试验不论平方和还是自由度，套正交表整理数据后进行剖分时也可以通过两个层次的分解过程体现它与单因素方差分析的联系和区别。

三、作业与思考

1. 例10－1为什么要用正交表整理数据？这种场合应用正交表的前提是什么？

2. 正交表在例10－1试验结果的方差分析过程中所起的作用与其在正交试验中的作用有何不同？

3. 若将例10－1做了5年的棉花施肥（A）和品种（B）两因素试验改为1年完成，就可以把5个年份进行的5个重复批次改为安排成5个区组在同一年实现5次重复。请按两因素随机区组试验方案完成方差分析表，并在继续完成多重比较后，看看与本案例按完全随机试验数据模式完成的多重比较结果有什么不同。

【Excel 电子表格中完成方差分析的操作方法提示】

本例若视年份为5个重复区组，Excel表格中没有两因素随机区组数据模式的菜单可供使用，只能用图10－1中G24：L30的方差分析表按以下步骤更新。

（1）图10－2中以G8作为输出区域起点单元格确认得到方差分析表，选定方差分析表上方大致为G10：M28的单元格块，右键选定"删除"菜单后确认"下方单元格上移"方式，得到如图10－6中G11：M18的方差分析表。

（2）选定H17和I17单元格，分别录入图10－3中K9和L9数据"297.3"和"4"。

（3）使用"Delete"删除H16单元格的数据，编算式"＝H18－H13－H14－H15－H17"，确认后得到误差平方和"5658.1"；将I16中的误差自由度"32"改为"28"。

（4）用"Delete"删掉 J16 的数据，编算式"＝H16/I16"可得误差方差"202.1"。

（5）选定 K13、K14、K15 单元格块，继续用"Delete"删掉已有的 F 值数据，编算式"＝J13：J15/J16"后，同时敲击"Ctrl＋Shift＋Enter"键，更新 3 个 F 值。

（6）依次选定 L13、L14、L15 单元格，用"Delete"删掉已有的概率值，使用"FDIST"重新计算 F 值更新后的右尾概率，完成方差分析表（图 10-6）。

	H16			f_x	=H18-H13-H14-H15-H17						
	A	B	C	D	E	F	G	H	I	J	K	L	M
8		A_1	A_2	A_3	A_4		方差分析：可重复双因素分析					
9	B_1	-73.1	-37.3	-2.3	-50.9							
10	B_1	-68.5	-42.1	-7.9	-41.4							
11	B_1	-68.5	-41.8	-15.7	-42.7		方差分析					
12	B_1	-65.6	-31.6	-9.1	-57.4		差异源	SS	df	MS	F	P-value	F crit
13	B_1	-66.8	-30.3	-8.2	-56.9		样本	133252.4	1	133252.4	659.4	5.27E-21	4.2
14	B_2	12.7	48.4	123.3	145.2		列	37925.4	3	12641.8	62.6	1.57E-12	2.95
15	B_2	-13	37.4	123.5	142.5		交互	14221.2	3	4740.4	23.5	8.5E-08	2.95
16	B_2	-8.4	53	109.2	132.8		内部	5658.1	28	202.1			
17	B_2	18.6	64.9	83.9	102.6		区组	297.3	4				
18	B_2	24.5	88.7	93.1	107.7		总计	191354.4	39				

图 10-6　使用区组分量更新"可重复双因数分析"得到的方差分析表

实训 11 正交试验数据的方差分析

一、实训内容

使用 Excel 或者 WPS 针对三因素正交试验数据，继续按正交表格式整理出各列各水平合计值，进而计算各组内矫正数，演练正交试验数据平方和与自由度两个层次的分解过程；借助正交表的空列列名推断三因素试验结果的互作效应是否显著，体验因素间有无交互作用时，正交试验数据方差分析方法的异同。

二、试验资料及上机操作

［例 11-1］沿用图 10-1 中连续 5 年的试验观察数据，除了不同棉花品种和不同施氮量两个试验因素外，现假定还有两种不同栽植密度设置为第三个试验因素，即将例 10-1 中的 N 肥施用量（A）和棉花品种（B）分别对应正交表 L_8（4×2^4）中的第 1 列和第 2 列的水平编码，栽植密度（C）对应该表第 5 列的水平编码，则 40 个试验原始数据可模拟三因素正交试验结果，参与试验的 8 个正交组合如图 11-1 中的 R4：R11 值域所示，继续套用图 10-5 按正交表 L_8（4×2^4）整理数据的格式，则图 10-3 中 A8：H12 值域的 40 个差数合计出图 11-1 中 X4：X11 值域的 8 个 T_{ijk} 值，即各处理 5 个重复观察值之和，试予分析。

【Excel 表格中正交试验数据完成方差分析的操作方法】

（1）沿用图 10-5 中 8 个水平组合的数据整理模式，将正交表 L_8（4×2^4）的三因素正交组合按第 1、2、5 列得到的水平组合全部列出，第二行列名按该正交表"第一列与其他任何一列的交互作用在其余三列"的表头设计规律在第 2、3、4、5 列添加交互作用 A×C 列名和主效应列名 C，由 T_{ijk} 值先算得的各组内矫正数改记为 C_{ijk} 值。

（2）在 AA9：AF15 值域填写正交试验数据模式的方差分析表中的文本标志，AB10：AB12 值域的自由度使用各列水平编码数减 1 分别填入"3""1""1"，AB13 中填入第 3、4 列合计自由度"2"，AB15 单元格填入总自由度"39"，AB14 单元格编算式"＝AB15－AB10－AB11－AB12－AB13"得到误差自由度"32"。

（3）AB7 单元格的"37925.4"即第 1 列 SS_A，AC7 单元格的"133252.4"即第 2 列 SS，包括 SS_B 和 SS_{AC}，AF7 单元格的"11053.7"即第 5 列 SS，包括 SS_C 和 SS_{AB}，将第 3、4 列的两个平方和分量 9117.4、4050.2

合计，就是空列 SS "13167.5"。

AC13			f_x	=AD7+AE7										
R	S	T	U	V	W	X	Y	Z	AA	AB	AC	AD	AE	AF
	1	2	3	4	5					1	2	3	4	5
正交组合	A	B	$A \times C$	$A \times C$	C	T_{ijk}	C_{ijk}		C_1	9492.6	33464.4	20365.0	14445.3	2728.4
		$A \times C$	$A \times B$	$A \times B$	$A \times B$				C_2	1194.6	111094.4	58.8	911.2	9631.7
$A_1B_1C_1$	1	1	1	1	1	-342.5	23461.3		C_3	23990.4	空列	空列		
$A_1B_2C_2$	1	2	2	2	2	34.4	236.7		C_4	14554.2				
$A_2B_1C_2$	2	1	1	2	2	-183.1	6705.1		Σ	49231.8	144558.8	20423.8	15356.6	12360.1
$A_2B_2C_1$	2	2	2	1	1	292.4	17099.6		SS	37925.4	133252.4	9117.4	4050.2	1053.7
$A_3B_1C_2$	3	1	2	1	2	-43.2	373.2		棕彩棉正交试验的方差分析表					
$A_3B_2C_1$	3	2	1	2	1	533	56817.8		差异源	DF	SS	MS	F	$Pr(>F)$
$A_4B_1C_1$	4	1	2	2	1	-249.3	12430.1		第1列	3	37925.4	12641.8	67.9	5.71E-14
$A_4B_2C_2$	4	2	1	1	2	630.8	79581.7		第2列	1	133252.4	133252.4	716.0	1.8E-23
T_1	-308.1	-818.1	638.2	537.5	233.6	672.5			第5列	1	1053.7	1053.7	5.7	0.023469
T_2	109.3	1491	34.3	135	438.9		196705.5		空列	2	13167.5	6583.8	35.4	7.83E-09
T_3	489.8					11306.4			误差	32	5955.4	186.1		
T_4	381.5								总	39	191354.4			

图 11-1　使用组内矫正数整理格式完成正交试验方差分析表的过程

（4）AC15 单元格值域仍是总平方和 SS_T = "191354.4"，所以，选定 AC14 空单元格编算式 "=AC15-AC10-AC11-AC12-AC13" 得出误差平方和 "5955.4"。

（5）选定 AD10：AD14 单元格块，编算式 "=AC10：AC14/AB10：AB14"，同时敲击 "Ctrl＋Shift＋Enter" 键，计算出误差方差 MS_e = "186.1" 和正交表各列方差 MS，包括空列方差 "6583.8"。

（6）在 AE13 单元格编算式 "=AD13/AD14" 算出 F 值 "35.4"；选定 AF13 单元格，调用插入函数 "FDIST"，对话框依次填入 "AE13" "AB13" "AB14" 算得右尾概率 P = "7.83×10^{-9}"，可见空列显示的交互作用极其显著。

（7）由于互作效应无论正负，表现在平方和分量上一定是正值，其显著性表明有 A 因素参与的两个交互作用 A×B、A×C 至少有一个存在，正交表第 2、3、4、5 列都包含两个效应的列名，显示该正交试验分析结果除第 1 列 A 因素主效应外，其他各列主效应、交互作用混杂已成为事实。

（8）选定 AD10：AD12 单元格块，编算式 "=AD10：AD12/AD14"，同时敲击 "Ctrl＋Shift＋Enter" 键，一次性算出其他三个 F 值。

（9）选定 AF10 单元格，调用插入函数 "FDIST"，对话框依次填入 "AE10" "AB10" "AB14"，算得右尾概率 P = "5.71×10^{-14}"；选定 AF11 单元格，调用插入函数 "FDIST"，对话框依次填入 "AE11" "AB11" "AB14"，算得右尾概率 P = "1.8×10^{-23}"；再选定 AF12 单元格，调用插入函数 "FDIST"，对话框依次填入 "AE12" "AB12" "AB14"，算得右尾概率 P = "0.023469"。

任选一个空单元格编算式"＝AB10＋AB11＋AB12＋AB13"得到 $df_t=$ "7"；再往右拖拽得到按算式"＝AC10＋AC11＋AC12＋AC13"可算出处理平方和 $SS_t=$ "185399.1"，和图 10-1 中 H25、H26、H27 三个单元格汇总的结果完全一致，表明正交试验数据不论平方和还是自由度，在进行剖分时一定可以通过两个层次的分解过程体现它和两因素完全随机试验结果的方差分析的联系和区别。

只有 AE10 单元格 $F=$ "67.9"能够明确第 1 列是氮肥 4 个水平带来的差异所致，即 A 因素的主效应；任选一空单元格如 S17，调出函数"SQRT"、对话框编算式"＝AD14/10"算出用于氮肥四个水平平均数之间做多重比较的标准误 $SE=$ "4.314"。AE11 单元格 $F=$ "716.0"表明第 2 列不能说成仅仅是两个棉花品种不同带来的差异所致，还有交互作用 A×C 共同参与的原因；AE12 单元格 $F=$ "5.7"表明第 5 列不能说成仅仅是两个栽植密度不同带来的差异所致，还有交互作用 A×B 共同参与的原因。

任选一空单元格如 S18，调出函数"SQRT"、对话框编算式"＝AD14/5"算出用于 8 个正交组合的平均数做多重比较的标准误 $SE=$ "6.101"。然后根据误差自由度 $df_e=$ "32"和查得 $SSR_{0.05}$ 或者 $q_{0.05}$ 临界值后算出最小显著极差 $LSR_{0.05}$，对 A、B、C 三个因素 8 个正交组合平均数之间的两两差数按不同的秩次距进行多重比较。

由此可见，正交试验是用正交表挑选一部分水平组合来做，就如同本例这样，如果是棉花品种、施肥量和栽植密度的三因素试验的话，全部水平组合将会有 16 个，但用正交表 L_8（$4×2^4$）中的 1、2、5 列只筛选了 8 个正交组合做试验。试验规模减小一半，但试验结果分析就有可能如同本例这样，因为交互作用显著存在，主效应和交互作用发生效应混杂，这就是正交试验特有的"混杂"现象。表头设计时，正交表的空列越少甚至没有空列，用正交表筛选出来的正交组合数相对于全部组合数占比会越小，每列混杂的效应就会越多。也就是说，用正交表考察的因素多些，大幅度减少试验规模有利也有弊。正交表的列名混杂的效应越多，分析试验结果时能够明确进行推断的主效应或者交互作用会越少，或者完全不能够推断交互作用。所以，除非案例已有结论知道各因素间没有交互作用，否则，表头设计时正交表不宜太小，尽可能留空列推断交互作用是否存在。

本例除了能够对氮肥的主效应进行分析之外，不能对其他因素主效应和互作效应逐个进行分析，无法分析出试验方案中全部 16 个水平组合中的最优组合，只能就参与试验的 8 个正交组合的小范围内通过多重比较，找出相对较好的组合，至于这个组合是不是最优组合，则无从知晓。只有像以下案例用空列推断出交互作用不显著时，才能推断出试验方案中的最优组合。

[例 11-2] 应用血暴立停（A）、海富宝典（B）和施得铵（C）三种水体

消毒剂的试验，各因素都按不同浓度设三个水平，选用 L_9（3^4）挑选九个正交组合，采用光密度测定法分重复Ⅰ和重复Ⅱ两个单位组观察抑菌率（％），结果整理如表 11 - 1（罗玉双，2013），试予分析。

【Excel 表格中基本步骤的操作方法】

因为单位组结合两个重复设计，本例属于按随机区组方案设计的三因素试验，且 A、B、C 三种消毒剂都按固定因素效应设计成正交试验，分别对应于 L_9（3^4）的第 2、3、4 列，由于是用吸光度测算的抑菌率，不属于二项资料的百分数，所以，不需要作反正弦数据转换。

（1）沿用表 11 - 1 中 9 个水平组合的数据整理模式，将正交表 L_9（3^4）的三因素正交组合按第 2、3、4 列分别对应试验因素 A、B、C 得到的水平组合全部列出，第 1 列空列列名按该正交表"任意两列的交互作用在其余两列"的表头设计规律就是 A×B、A×C、B×C 混合列名，正交表各列编号录入 B2：E10 值域，两个单位组的吸光度数据录入 F2：G10 值域，连同表 11 - 1 中由 T_{ijk} 值先算得的各组内矫正数 C_{ijk} 值，图 11 - 2 都已隐藏。

表 11 - 1　三种水体消毒剂抑菌率（％）的正交试验结果整理

| 处理 | 1 | 2 | 3 | 4 | 单位组 | | T_{ijk} | C_{ijk} |
	空列	A	B	C	Ⅰ	Ⅱ		
1	1	1	1	1	0.0	0.0	0.0	0.0
2	1	2	2	2	41.0	48.6	89.6	4014.1
3	1	3	3	3	84.4	84.4	（　）	（　）
4	2	1	2	3	39.1	46.7	（　）	（　）
5	2	2	3	1	−9.9	−9.9	（　）	（　）
6	2	3	1	2	70.2	82.2	（　）	（　）
7	3	1	3	2	34.6	45.0	（　）	（　）
8	3	2	1	3	38.5	45.2	（　）	（　）
9	3	3	2	1	50.9	26.2	（　）	（　）
T_1	258.4	（　）	（　）	（　）	⌒	⌒	⌒	
T_2	218.4	（　）	（　）	（　）				
T_3	240.4	（　）	（　）	（　）	⌣	⌣	⌣	

（2）使用自动求和功能将 T_{ijk} 值合计在 H2：H10 值域，在 H11 中显示全试验数据总和为"717.2"，两个单位组合计值如图 11 - 2 中 F11：G11 值域所示；再选定 H15 空单元格，编算式"＝H11＊H11/18"，确认后得到全试验矫正数 C＝"28576.4"。

（3）选定 I2 空单元格，编算式"＝H2＊H2/2"，确认后得到第一个组合的组内矫正数"0"，往下拖拽直至 I10 单元格后，得到 9 个正交组合的组内矫正数 C_{ijk} 值，在 I17 空单元格合计出 ΣC_{ijk} 值"43393.7"；再选定 I15 空单元格，编算式"＝I17－H15"算得 SS_t＝"14817.2"。

（4）正交表各列 T_1、T_2、T_3 的合计值如图 11-2 中 B11：B13 值域所示，如 B11 单元格的 T_1＝"258.4"就是由该列水平编码 1 对应的 6 个吸光度值编算式"＝H2＋H3＋H4"合计；同理，B12 单元格的 T_2＝"218.4"就是由该列水平编码 2 对应的值编算式"＝H5＋H6＋H7"合计；B13 单元格的 T_3＝"240.4"就是由该列水平编码 3 对应的值编算式"＝H8＋H9＋H10"合计。

		I17		f_x	=SUM(I2:I10)				
	A	B	C	D	E	F	G	H	I
1		空	A	B	C	I	II	T_{ijk}	C_{ijk}
11	T_1	258.4	165.4	236.1	57.3				
12	T_2	218.4	153.5	252.5	321.6	348.8	368.4	717.2	
13	T_3	240.4	398.3	228.6	338.3				
14	C_1	11128.4	4559.5	9290.5	547.2				
15	C_2	7949.8	3927.0	10626.0	17237.8	13517.9	15079.8	28576.4	14817.2
16	C_3	9632.0	26440.5	8709.7	19074.5				
17	ΣC_i	28710.2	34927.1	28626.2	36859.5	28597.8			43393.7
18	SS	133.78	6350.61	49.80	8283.02	21.3		15328.5	14817.2

图 11-2　使用组内矫正数完成三因素正交试验方差分析表的过程

（5）正交表第 2、3、4 列 T_1、T_2、T_3 值的合计方法按上述第 1 列类推，各水平合计值都由 6 个对应的试验观察值合计，只是编算式计算每列的 T_1、T_2、T_3 值时，选择的三个 T_{ijk} 值比较分散，不再像第 1 列那样集中。

（6）各列 C_1、C_2、C_3 遵循合计值 T_1、T_2、T_3 的格式进行计算，选定 B14 空单元格，编算式"＝B11＊B11/6"，确认得到"11128.4"后往下往右拖拽到 E16 单元格；得到"19074.5"为止。

（7）全选 B14：E17 单元格块，使用自动求和功能合计出 B17：E17 值域的 4 列组内矫正数汇总的合计值；全选 B18：E18 单元格块，编算式"＝B17：E17－H15"，同时敲击"Ctrl＋Shift＋Enter"键，计算出正交表各列平方和 SS。

（8）选定 F15 空单元格，编算式"＝F11＊F11/9"，确认后得到单位组 I 的组内矫正数"13517.9"，往右拖拽至 G15 单元格，得到单位组 II 的组内矫正数"15079.8"，合计值"28597.8"在 F17 单元格；再选定 F18 单元格，编算式"＝F17－H15"得到显示单位组差异的 SS_r＝"21.3"。

（9）选定 H18 单元格，调用插入函数"DEVSQ"，全选 F2：G10 值域的

18 个试验观察值可算得 $SS_T=$ "15328.5"；最后选定空单元格 I18，编算式 "$= B18 + C18 + D18 + E18$" 得到由 B18：E18 值域合计出的 $SS_t=$ "14817.2"，与 I18 根据表 11-1 末列组内矫正数先算出 9 个正交组合的平方和相互验证，完成自动检校，详情继续参考万海清等（2007）发表的文献。

表 11-2　三种水体消毒剂正交试验的方差分析表

SOV	DF	SS	s^2	F	$P_{r(>F)}$
单位组	1	21.3			
第 2 列	2	6350.61	3175.31	（　）	5.68×10^{-6}
第 3 列	2	49.8	24.90	（　）	（　）
第 4 列	2	8283.02	4141.51	（　）	1.68×10^{-6}
空列	（　）	（　）	62.38		
试验误差	（　）	（　）			
总计	17	15328.5			

注：空列和误差分量方差比 $F=1.08$，$P_{r(>F)}=0.38$，不能推断有交互作用，是模型误差。

各因素主效应和交互作用的分解不能按三因素完全实施的试验方案那样明确计算出 SS_A、SS_B、SS_C、SS_{AB}、SS_{AC}、SS_{BC} 和 SS_{ABC} 共 7 个效应分量，只能整理成如表 11-2 所示的方差分析表。本例所用正交表第 1 列编码无因素水平对应，分析时可通过 F 检验判别交互作用是否存在，即将空列分量方差与试验误差分量方差算出 F 值 "1.08"，因其 $P_{r(>F)}>0.05$，不能推断有交互作用，是模型误差，所以要将它和试验误差项的平方和、自由度合并计算误差方差 "62.38"。由于交互作用 SS_{AB}、SS_{AC}、SS_{BC} 不显著，还可以由此推断表 11-2 依据正交表第 2、3、4 列算出的平方和、自由度就是 A、B、C 三个固定因素的主效应分量，于是后续分析 SS_A、SS_B、SS_C 就可以根据同一因素各水平多重比较的结果推断试验方案中的最优组合。表 11-2 的 F 检验显示 A、C 两个因素的主效应显著，需要进行多重比较，任选一空单元格如图 11-2 中的 B19，调用函数 "SQRT"，对话框编算式 "62.38/6"，算得标准误 $SE=$ "3.224"，然后根据合并的误差自由度 $df_e=$ "10" 和查得 $SSR_{0.05}$ 或者 $q_{0.05}$ 临界值后算出最小显著极差 $LSR_{0.05}$，对 A、C 两个因素各自的三个水平平均数之间的两两差数按不同的秩次距进行多重比较。

图 11-1 和图 11-2 两个三因素正交试验案例的方差分析综合了因素间交互作用是否显著对方差分析表中的 F 检验带来的影响，即正交试验因为只是选取一部分组合做试验，分析试验结果时主效应和交互作用出现 "混杂" 会成为常态，用正交表挑选正交组合时，合理的表头设计如果能够通过空列的 F 检验推断交互作用是否存在，对于试验方案中最优组合的遴选至关重要。

若空列显示交互作用存在，只能就正交组合进行多重比较后确认相对较好的组合，不能推断该组合是否为试验方案中的最优组合；若空列显示交互作用不存在，就可以根据每个因素各自水平的多重比较结果推断试验方案中的最优组合。这就是正交试验设计被形象地称之为"全面撒网，重点捕鱼"的由来。

【Excel 表格中正交试验数据完成多重比较的操作步骤】

（1）进入 Microsoft Excel 界面，在空白工作表中用图 11-2 中 C11：E13 值域计算试验因素 A、B、C 各自三个水平的平均数，分别显示在图 11-3 所示的 B2：B4、L2：L4 和 G2：G4 值域，分别在 A2：A4、K2：K4 和 F2：F4 值域依次填写对应的水平字母代号。

（2）表 11-2 方差分析表中的 F 检验可知对应于表 11-1 正交表第三列 B 因素的主效应是不显著的，即 B 因素三个水平 B_1、B_2、B_3 之间推断无显著性差异，在 M2：M4 值域全部填写英文小写字母 a。因为只用一个小写字母，使用 SPSS 软件做多重比较，仅一个互不显著群就只按一整列输出。

（3）选定 D2：D3 空单元格块，按下"="后选定 B2：B3 值域，再键入"－B4"补全算式，同时敲击"Ctrl＋Shift＋Enter"键，计算出 2 个两两差数；再选定 E2 空单元格，编算式"＝B2－B3"算出第 3 个两两差数。

（4）选定 I2：I3 空单元格块，按下"="后选定 G2：G3 值域，再键入"－G4"补全算式，同时敲击"Ctrl＋Shift＋Enter"键，计算出 2 个两两差数；再选定 J2 空单元格，编算式"＝G2－G3"算出第 3 个两两差数。

	P2	▼		f_x	{=O2:O3*P4}											
▲	A	B	C	D	E	F	G	H	I	J	K	L	M	N	O	P
1	A 因素	平均数	5%差异	−25.6	−27.6	C 因素	平均数	5%差异	−9.6	−53.6	B 因素	平均数	5%差异	秩次距	$SSR_{0.05}$	$LSR_{0.05}$
2	A_3	66.4	a	40.80	38.82	C_3	56.4	a	46.83	2.78	B_2	42.1	a	3	3.293	10.62
3	A_1	27.6	b	1.98		C_2	53.6	a	44.05		B_1	39.4	a	2	3.151	10.16
4	A_2	25.6	b			C_1	9.6	b			B_3	38.1	a		SE =	3.224

图 11-3　三因素正交试验数据完成主效应方差分析的多重比较过程

（5）将两处的 3 个两两差数梯形表的显示右框线和下框线，如图 11-3 一样完成阶梯状框线的设置，仅 D2 和 I2 的两两差数秩次距为 3，其他两两差数的秩次距都是 2。

（6）在 N2：N3 空单元格块填入秩次距 3 和 2，在 O2：O3 空单元格块录入按自由度 df_e＝10 查得对应的 $SSR_{0.05}$ 临界值，然后将表 11-2 的合并方差"62.38"算得标准误数值 SE＝"3.224"录入 P4 空单元格。再选定 P2：P3 空单元格块，按下"="后选定 O2：O3 值域，再键入"＊P4"补全算式，同时敲击"Ctrl＋Shift＋Enter"键，计算出两个最小显著极差 $LSR_{0.05}$ 的值。

（7）图 11-3 中将同一级阶梯上的两两差数和 P2：P3 值域中对应的

$LSR_{0.05}$ 值进行比较，如 D3 和 E2、I3 和 J2 的两两差数，是第一级阶梯，秩次距都是 2，就都和 P3 单元格的 $LSR_{0.05}$ 值比较，其中，E2 单元格的"38.82"、I3 单元格的"44.05"超过了"10.16"，即达到显著水平，将其字体加粗以示区别；D2 和 I2 的两两差数，是第二级阶梯，秩次距都是 3，就都和 P2 单元格的 $LSR_{0.05}$ 值比较，都超过了"10.62"，达到显著水平，将其字体加粗以示区别，完成 SSR 检验的全部多重比较工作。

（8）在 C2 单元格填写第一个英文小写字母 a，C3 单元格根据 E2"38.82"字体已加粗、差异显著的信息改标字母 b；由于出现了不同字母，第一轮字母标注往上反转，看字母 b 能够往上标注多高，C2 单元格仍根据 E2"38.82"字体已加粗、差异显著的信息不再加标字母 b，第一轮字母标注结束。

（9）C4 单元格根据 D2"1.98"字体未加粗、差异不显著的信息标注字母 b，以下再无未标记字母的平均数，第二轮字母标注结束。因为用了两个小写字母，使用 SPSS 软件做多重比较，两个互不显著群就会分两列输出。

（10）在 H2 单元格填写第一个英文小写字母 a，H3 单元格根据 J2"2.78"字体未加粗、差异不显著的信息标注字母 a，H4 单元格根据 I2"46.83"字体已加粗、差异显著的信息改标字母 b；由于又出现了不同字母，第一轮字母标注往上反转，看字母 b 能够往上标注多高，H3 单元格仍根据 I3"44.05"字体已加粗、差异显著的信息不再加标字母 b，以下再无未标记字母的平均数，第一轮字母标注结束。因为用了两个小写字母，使用 SPSS 软件做多重比较，两个互不显著群也会分两列输出。

最终的结论就是 A、B、C 三个试验因素通过主效应的多重比较，可推断 A_3C_3 和 A_3C_2 分别与 B_2、B_1、B_3 中的任一水平组合都是三因素抑菌效果最优的水平组合。

三、作业与思考

1. 试验统计中为什么要求正交试验也要设重复？分析有重复的正交试验数据时，有、无交互作用对多重比较各有什么影响？

2. 就正交表阐述正交性的含义，为什么正交试验设计被形象地称之为"全面撒网，重点捕鱼"？

3. 有一 N、P、K 三要素施肥试验，N 肥设为 4 水平（$a=4$），P、K 各为 2 水平（$b=2$，$c=2$），按 $L_8(4\times2^4)$ 进行正交设计，将 N、P、K 依次安排到该正交表的第（1）（2）（5）列构造正交组合（$k=8$），如图 11-4 所示；田间试验实施时，重复 3 次（$n=3$），随机区组排列，小区面积 20 m²。所得试验结果套用该正交表整理后列表截图如图 11-4，试完成表 11-3 的方差分析表（　　）中的空缺内容。

	H19	▼	fx	=SUM(B19:G19)							
◢	A	B	C	D	E	F	G	H	I	J	K	L	M
1	正交组合	1	2	3	4	5		I	II	III		T_t	C_i
2	$A_1B_1C_1$	1	1	1	1	1		3.6	3.9	3.2		10.7	38.16
3	$A_1B_2C_2$	1	2	2	2	2		5.1	4.8	5.1		15	75
4	$A_2B_1C_2$	2	1	1	2	2		5.6	5.3	5.6		16.5	90.75
5	$A_2B_2C_1$	2	2	2	1	1		5.9	6	6.7		18.6	115.3
6	$A_3B_1C_2$	3	1	2	1	2		6.4	6.5	7		19.9	132
7	$A_3B_2C_1$	3	2	1	2	1		7.4	7.1	7.3		21.8	158.4
8	$A_4B_1C_1$	4	1	2	2	1		7.5	7.7	7.8		23	176.3
9	$A_4B_2C_2$	4	2	1	1	2		8.1	8.4	8.6		25.1	210
10	T_1	25.7	70.1	74.1	74.3	74.1		49.6	49.7	51.3		150.6	996
11	T_2	35.1	80.5	76.5	76.3	76.5		T_I	T_{II}	T_{III}		T	ΣC_i
12	T_3	41.7											
13	T_4	48.1											
14	C_1	110.1	409.5	457.6	460.0	457.6		307.52	308.76	328.96		945.24	
15	C_2	205.3	540.0	487.7	485.1	487.7		C_I	C_{II}	C_{III}		ΣC_j	
16	C_3	289.8											
17	C_4	385.6						50.97	0.23	52.15		945.02	0.95
18	ΣC_k	990.83	949.52	945.26	945.18	945.26		SS_t	SS_r	SS_T		C	SS_e
19	SS	45.82	4.51	0.24	0.17	0.24		50.97					

图 11-4　使用组内矫正数完成三因素混合水平正交试验方差分析表的过程

表 11-3　三要素施肥试验正交试验的方差分析表

SOV	DF	SS	s^2	F	$P_{r(>F)}$
区组	2	（　　）			
第1列	3	45.82	（　）	（　）	1.51×10^{-12}
第2列	1	4.51	（　）	（　）	1.78×10^{-6}
第5列	1	0.24	（　）	（　）	（　）
误差	（　）	（　　）	0.0845		
总	23	52.15			

注：空列和误差分量方差比 $F=3.0$，$P_{r(>F)}=0.082$，不能推断有交互作用，要合并误差方差。

实训 12　系统分组试验数据的方差分析

一、实训内容

使用电子表格 Excel 或者 WPS 针对系统分组组内观察值个数相同和不相同的两种数据模式进行平方和、自由度的分解与再分解两个层次的操作训练，熟悉系统分组试验在试验设计中控制试验规模的优势，掌握系统分组设计的试验结果的方差分析与两因素试验结果方差分析的联系和区别。

二、试验资料及上机操作

[**例 12 - 1**] 沿用图 10 - 1 中连续 5 年的试验观察数据，将不同 N 肥施用量视为一级分组因素（A），现假定棉花共有 8 个不同品种设置为二级分组因素（B），即每个氮肥施用量分别安排不同的两个品种参与试验，则图 10 - 3 中 A8：H12 值域的差数数据重新整理在图 12 - 1 中 A1：I7 值域，试模拟系统分组数据模式进行分析。

	A	B	C	D	E	F	G	H	I	J	K	L	M	N	O	P
				fx	=K9-M10											
1	组		A_1		A_2		A_3		A_4		棕彩棉系统分组试验的方差分析表					
2	亚组	B_1	B_2	B_3	B_4	B_5	B_6	B_7	B_8		差异源	DF	SS	MS	F	Pr(>F)
3		-73.1	12.7	-37.3	48.4	-2.3	123.3	-50.9	145.2		亚组(B)	7	185399.1			
4		-68.5	-13	-42.1	37.4	-7.9	123.5	-41.4	142.5		组(A)	3	37925.4	12641.8	0.3429	0.7971
5		-68.5	-8.4	-41.8	53	-15.7	109.2	-42.7	132.8		E_1	4	147473.6	36868.4	198.1	4.35E-22
6		-65.6	18.6	-31.6	64.9	-9.1	83.9	-57.4	102.6		E_2	32	5955.4	186.1		
7		-66.8	24.5	-30.3	88.7	-8.2	93.1	-56.9	107.7		总变异	39	191354.4			
8	T_B	-342.5	34.4	-183.1	292.4	-43.2	533	-249.3	630.8							
9	C_B	23461	236.7	6705	17100	373.2	56818	12430	79582		196705					
10	T_A	-308.1		109.3		489.8		381.5			672.5	$C=$	11306.4			
11	C_A	9492.6		1194.6		23990.4		14554.2			49231.8					

图 12 - 1　使用组内矫正数按系统分组试验数据整理格式完成方差分析表的过程

【Excel 表格中系统分组亚组观察值个数相同时的方差分析操作步骤】

（1）将按 B3：I7 组内又分亚组的差数数据按列累计出 8 个亚组的合计值，如图 12 - 1 中 B8：I8 值域 T_B 所示；再选定 B9：I9，编算式"＝B8：I8 * B8：I8/5"，同时敲击"Ctrl＋Shift＋Enter"键，一次性算出 8 个亚组的组内矫正数 C_B。

（2）依次选定合并了两个空单元格的 B10、D10、F10、H10 单元格，累计出 4 个一级分组的合计值 T_A；再选定也是合并了两个空单元格 B11、C11 的新单元格，编算式"＝B10 * B10/10"，算出第一组的组内矫正数"9492.6"

后往右拖拽，得到其他三组的组内矫正数 C_A。

（3）选定 B9：K11 的单元格块，使用自动求和功能分别合计出数据总和 $T=$ "672.5"，一级分组因素和二级分组因素的组内矫正数汇总值 "49231.8" "196705.5"，再选定 M10 单元格，编算式 "＝K10＊K10/40"，算出全试验矫正数 $C=$ "11306.4"。

（4）在 K2：P7 值域填写系统分组数据模式方差分析表中的文本标志，选定 M7 单元格，调用插入函数 "DEVSQ"，全选 B3：I7 的 40 个差数数据可算得 $SS_T=$ "191354.4"，并在 L7 单元格填入总自由度 "39"。

（5）选定 M3 单元格，编算式 "＝K9－M10"，算出体现亚组间差异的平方和 $SS_B=$ "185399.1"，在 L3 单元格填入自由度 "7"；L6 单元格编算式 "＝L7－L3" 算得自由度 "32"，往右拖拽至 M6 单元格，算出二级误差平方和 $SS_{E2}=$ "5955.4"。

（6）选定 M4 单元格，编算式 "＝K11－M10"，算出体现一级分组组间差异的平方和 $SS_A=$ "37925.4"，在 L4 单元格填入自由度 "3"；在 L5 单元格编算式 "＝L3－L4" 算得自由度 "4"，往右拖拽至 M5 单元格，算出一级误差平方和 $SS_{E1}=$ "147473.6"。

（7）选定 N4：N6 单元格块，编算式 "＝M4：M6/L4：L6"，同时敲击 "Ctrl＋Shift＋Enter" 键，一次性算出三个方差值；选定 O4 单元格，编算式 "＝N4/N5"，算出体现一级分组组间差异的 $F=$ "0.3429"，往下拖拽至 O5 单元格，得到体现组内亚组间差异的 $F=$ "198.1"。

（8）选定 P4 单元格，调用插入函数 "FDIST"，对话框依次填入 "O4" "L4" "L5" 可算得右尾概率 $P=$ "0.7971"；再选定 P5 单元格，调用插入函数 "FDIST"，对话框依次填入 "O5" "L5" "L6" 可算得右尾概率 $P=$ "4.35×10^{-22}"。

由此可见，系统分组试验数据平方和总量两个层次的分解结果与单因素数据模式以及两因素完全随机试验数据模式方差分析表有联系，特别是体现 8 个亚组间差异的平方和与图 10-3 中 K3（或者 K10）单元格中算出单因素的处理平方和 $SS_t=$ "185399.1"，以及图 10-1 中编算式 "＝H25＋H26＋H27" 得到的 $SS_t=$ "185399.1" 相互验证，与复因素处理平方和的再分解层次相联系。

［例 12-2］某猪场为研究公猪和母猪对仔猪断奶体重的影响，观察了 3 头主要公猪与所配母猪产仔的断奶体重，得全部观察值如表 12-1（明道绪，2021）。试按系统分组数据的平方和、自由度分解原理就两个层次分别对总平方和 SS_T 和亚组间平方和 SS_B 进行（再）分解，然后完成方差分析的其他步骤。

表 12 - 1　某猪场 3 头公猪所配母猪产仔的断奶重

公猪号	母猪号	仔数	仔猪断奶体重（500 g/头）								
51 - 4	3 - 1	9	21.0	16.5	17.5	19.5	20.0	19.0	17.5	18.5	14.5
	95 - 8	7	14.0	15.5	16.5	18.0	16.0	15.0	18.5		
49 - 3	91 - 3	8	24.0	22.5	24.0	20.0	22.0	23.0	22.0	22.5	
	71 - 4	7	19.0	18.5	20.0	23.5	19.0	21.0	16.5		
	37 - 5	9	16.0	16.0	15.5	20.5	14.0	17.5	14.5	15.5	19.0
91 - 1	93 - 4	8	15.0	13.0	13.5	12.5	16.5	13.5	16.0	17.5	
	46 - 6	7	19.0	21.0	21.5	19.0	15.5	21.0	21.5		
	51 - 7	8	22.5	21.0	21.5	19.0	14.5	20.0	23.5	22.0	

　　这是两因素单向分组的数据结构，公猪是一级因素（A），母猪是二级因素（B），它们的效应值 SS 分别称为组间变异量 SS_A 和亚组间变异量 SS_B。与随机单位组试验、完全随机试验以及裂区试验的数据结构相比较，区别在于二级因素各水平之间的差别已不再独立，它包含了上一级因素各水平之间的差别。因此，其平方和、自由度的（再）分解过程很特别，运算操作要从下一级也就是亚组间的平方和、自由度的分解过程着手，即：

$$SS_T = \underbrace{\underbrace{SS_B（母猪）}_{SS_A（公猪）+SS_{E1}} + SS_{E2}}\quad（分解）\qquad df_T = \underbrace{\underbrace{df_B + df_{E2}}_{df_A + df_{E1}}}$$

$$（再分解）$$

　　方差分析表的制作增加亚组间变异量 SS_B 这一中间环节，便于理顺分解层次。其中，SS_{E2} 指原始数据按二级因素单向分组（即按 8 头母猪归组）后的组内平方和，表达的是各仔猪断奶时体重的个体差异，本质上属于剔除了全部可控因素效应之后的试验误差；SS_{E1} 指 8 头母猪各自所产仔猪断奶时体重总量按一级因素单向分组（即按 3 头公猪归组）后的组内平方和，表达的是仔猪断奶时各个母猪所产仔猪体重的群体差异，属于同一公猪内不同母猪所产仔猪断奶时体重的差异，貌似误差（算法和 SS_{E2} 类似，也是剩余平方和！），却对应着母猪这一可控因素效应。也就是说，母猪作为系统分组的二级因素，算得的亚组间变异量 SS_B 并非母猪这一可控因素效应本身，只有剔除了按分组的一级因素算得的组间变异量 SS_A 之后的 SS_{E1} 才是母猪作为可控因素效应的变异量。

【Excel 表格中系统分组亚组观察值个数不同时的方差分析操作步骤】

　　（1）将 B3：I11 值域组内又分亚组的仔猪断奶重量数据按列累计出 8 个亚组的合计值 T_B，如图 12 - 2 中 B12：I12 值域所示；选定单元格 B13，调用插入函数"COUNT"，对话框全选 B3：B11，确认后往右拖拽至单元格 I13，汇总出 8 个亚组不一样多的观察值个数 n_j。

（2）选定空单元格 B14，先编算式“＝B12＊B12/B13”，算出第一亚组的组内矫正数“2483”后拖拽至 I12 单元格，得到 8 头母猪亚组的组内矫正数 C_B。

（3）调用插入函数“SUM”，分别将 B12∶C12、D12∶F12 和 G12∶I12 值域按 3 头公猪分组累计的结果 T_A 合计到单元格 M12、N12、O12；并依次选定这三个单元格往下拖拽至 M13、N13、O13 后汇总出 3 个一级分组不一样多的观察值个数 n_i。

（4）选定空单元格 M14，先编算式“＝M12＊M12/M13”，算出第一组的组内矫正数“4323.1”后拖拽至 O14 单元格，得到 3 头公猪组的组内矫正数 C_A。

（5）使用自动求和功能分别合计出观察值总个数 n＝“63”，观察值总和 T＝“1131”，一级分组和二级分组的组内矫正数汇总值“20805.5”“20355.3”，选定 M10 单元格，编算式“＝K12＊K12/K13”，算出全试验矫正数 C＝“20304”。

（6）在 K3∶P9 值域填写系统分组数据模式方差分析表中的文本标志，选定 M9 单元格，调用插入函数“DEVSQ”，全选 B3∶I12 的所有数据可算得 SS_T＝“600.98”，并在 L7 单元格填入总自由度“62”。

M5　　f_x =K14-M10

	A	B	C	D	E	F	G	H	I	J	K	L	M	N	O	P
1	组	A_1		A_2			A_3				← 公猪					
2	亚组	B_1	B_2	B_3	B_4	B_5	B_6	B_7	B_8		← 母猪					
3		21	14	24	19	16	15	19	22.5		仔猪断奶重系统分组试验数据的方差分析表					
4		16.5	15.5	22.5	19.5	16	13	21	21		差异源	DF	SS	MS	F	$Pr(>F)$
5		17.5	16.5	24	20	15.5	13.5	21.5	21.5		亚组(B)	7	501.32			
6		19.5	18	20	23.5	20.5	12.5	19	19		组(A)	2	51.152	25.6	0.2841	0.7641
7		20	16	22	19	14	16.5	15.5	14.5		E_1	5	450.17	90.0	49.7	3.48E-19
8		19	15	23	21	17.5	13.5	21	20		E_2	55	99.659	1.8		
9		17.5	18.5	22	16.5	14.5	16	21.5	23.5		总变异	62	600.98			
10		18.5		22.5		15.5	17.5		22			C=	**20304**			
11		14.5				19										
12	T_B	149.5	113.5	180	138.5	129.5	117.5	138.5	164		1131	T_A	263	448	420	
13	n_j	9	7	8	7	9	8	7	8		63	n_i	16	24	23	
14	C_B	2483	1840	4050	2740	1863	1726	2740	3362		**20805.5**	C_A	4323.1	8362.7	7669.6	**20355.3**

图 12－2　按系统分组试验数据模式完成仔猪断奶重数据方差分析表的过程

（7）选定 M5 单元格，编算式“＝K14－M10”，算出体现亚组间差异的平方和 SS_B＝“501.32”，在 L5 单元格填入自由度“7”；在 L8 单元格编算式“＝L9－L5”算得自由度“55”，往右拖拽至 M8 单元格，算出二级误差平方和 SS_{E2}＝“99.659”。

（8）选定 M6 单元格，编算式"＝P14－M10"，算出体现一级分组组间差异的平方和 SS_A＝"51.152"，在 L6 单元格填入自由度"2"；在 L7 单元格编算式"＝L5－L6"算得自由度"5"，往右拖拽至 M7 单元格，算出一级误差平方和 SS_{E1}＝"450.17"。

（9）选定 N6：N8 单元格块，编算式"＝M6：M8/L6：L8"，同时敲击"Ctrl＋Shift＋Enter"键，一次性算出三个方差值；选定 O4 单元格，编算式"＝N6/N7"，算出体现一级分组组间差异的 F＝"0.2841"，往下拖拽至 O5 单元格，得到体现组内亚组间差异的 F＝"49.7"。

（10）选定 P6 单元格，调用插入函数"FDIST"，对话框依次填入"O6""L6""L7"可算得右尾概率 P＝"0.7641"；再选定 P7 单元格，调用插入函数"FDIST"，对话框依次填入"O7""L7""L8"可算得右尾概率 P＝"3.48 $\times 10^{-19}$"。

本例结合正交试验的部分实施特点，8 头母猪就可以看成 ab＝3×8＝24 个自由组合当中的一部分组合，亚组间变异量 SS_B 就是正交试验或复因素试验中需要进行再分解的 SS_t。即例 12-2 的 8 头公猪以及例 12-1 系统分组试验中的二级因素各水平 B_1、B_2、…、B_8 实际上相当于两因素试验全部水平组合的一部分，所以说系统分组试验和正交试验类似，可视为只挑选了一部分水平组合做试验，只是二级因素仅仅是将试验材料单元转化为可控因素，其差异无须多重比较。作为一级因素的三个公猪之间因为方差比 F 值不显著，也无须多重比较。所以，本例仅需针对同一公猪内不同母猪之间的平均数进行多重比较，详情见明道绪和刘永建主编（2021）的《生物统计附试验设计（第六版）》。

三、作业与思考

1. 例 12-1 为什么不分解计算交互作用的平方和分量 SS？

2. 若利用 Excel 表格将例 12-2 的观测值更改为以千克（kg）为单位的数据再进行分析，和图 12-2 中 L4：P9 值域完成的分析相比较，哪些统计量的计算结果将保持不变？

实训 13　裂区试验数据的方差分析

一、实训内容

使用 Excel 或者 WPS 针对两因素和三因素裂区试验的两种数据模式进行平方和、自由度的分解与再分解两个层次的操作训练，掌握裂区设计的试验结果的方差分析与系统分组试验结果方差分析的联系和区别。熟悉裂区试验在试验设计中控制试验规模的优势，掌握裂区试验结果的方差分析与单因素随机区组或者两因素试验数据的联系和区别。

二、试验资料及上机操作

[例 13 - 1]　沿用图 12 - 1 中整理图 10 - 1 连续 5 年的试验观察数据的方法，将不同 N 肥施用量视为主区因素（A），两个棉花品种设置为副区因素（B）。即每个氮肥施用量构建的主区都是安排固定的两个品种参与试验，5 个年份视为 5 个区组，则图 12 - 1 中 B3：I7 值域的差数数据整理到图 13 - 1 中的 A1：I7 值域，模拟裂区试验数据模式，试予分析。

	H17		fx	=F17*F17/40												
	A	B	C	D	E	F	G	H	I	J	K	L	M	N	O	P	Q
1	主区	A_1		A_2		A_3		A_4		T_r		棕彩棉裂区试验的方差分析表					
2	副区	B_1	B_2	B_1	B_2	B_1	B_2	B_1	B_2			差异源	DF	SS	MS	F	Pr(>F)
3		-73.1	12.7	-37.3	48.4	-2.3	123.3	-50.9	145.2	166		区组	4	297.3			
4		-68.5	-13	-42.1	37.4	-7.9	123.5	-41.4	142.5	130.5		A	3	37925.4	12641.8	41.3	1.33E-06
5		-68.5	-8.4	-41.8	53	-15.7	109.2	-42.7	132.8	117.9		Ea	12	3669.6	305.8		
6		-65.6	18.6	-31.6	64.9	-9.1	83.9	-57.4	102.6	106.3		主区合计	19	41892.4			
7		-66.8	24.5	-30.3	88.7	-8.2	93.1	-56.9	107.7	151.8		B	1	133252.4	133252.4	1072.2	4.32E-16
8	T_{AB}	-342.5	34.4	-183.1	292.4	-43.2	533	-249.3	630.8			A×B	3	14221.2	4740.4	38.1	1.62E-07
9	C_{AB}	23461	236.7	6705	17100	373.2	56818	12430	79582	196705.5		Eb	16	1988.4	124.3		
10	T_A	-308.1		109.3		489.8		381.5				总变异	39	191354.4			
11	C_A	9492.6		1194.6		23990.4		14554.2		49231.8							53198.8
12		-60.4	11.1		121		94.3			3444.5					1824.1	61.6	7320.5	4446.2
13		-81.5	-4.7		115.6		101.1			2128.8					3321.1	11.0	6681.7	5110.6
14	T_m	-76.9	11.2		93.5		90.1			1737.6		Cr	Cm		2956.8	62.7	4371.1	4059.0
15		-47	33.3		74.8		45.2			1412.5					1104.5	554.4	2797.5	1021.5
16		-42.3	58.4		84.9		50.8			2880.3					894.6	1705.3	3604.0	1290.3
17	T_B	-818.1		1490.6		672.5		11306.4		11603.7		C_B		33464.4		111094.4	144558.8

图 13 - 1　使用组内矫正数按裂区试验数据整理格式完成方差分析表的过程

【Excel 表格中两因素裂区试验数据的方差分析操作步骤】

（1）沿用图 12 - 1 中 B8：K11 值域的计算结果，则图 13 - 1 中 A_1、A_2、A_3、A_4 的标志更新为"主区"、副区所在的 B2：I2 值域只分 B_1、B_2 的两个

文本标志；B8：I8 值域更新为 T_{AB} 标志，B9：I9 值域更新为 C_{AB} 标志；合并了两个空单元格的 B10：H10 值域的标志仍为 T_A，B11：H11 值域的标志仍为 C_A。

（2）选定合并了两个空单元格 B12、C12 的新单元格，先编算式"＝B3＋C3"，算出第一个副区的合计值"－60.4"后拖拽，往下往右权柄复制出其他 19 个副区的合计值 T_m。

（3）选定 N12 单元格，编算式"＝B12＊B12/2"，算出第一个副区组内矫正数 C_m＝"1824.1"，往下往右拖拽至 T16 单元格，权柄复制出其他 19 个副区的组内矫正数。逐次选定"0"值的列区域点右键确认"右侧单元格左移"方式删除，各副区组内矫正数如图 13-1 中 N12：Q16 值域所示；Q11 单元格汇总 20 个副区组内矫正数得到"53198.8"。

（4）选定空单元格 B17，先编算式"＝B8＋D8＋F8＋H8"，算出副区因素 B_1 水平的合计值"－818.1"后往右拖拽，得到 B_2 水平的合计值"1490.6"，再将其左移一个单元格后，使用"合并后居中"的功能将这两个水平组的合计值显示在合并后的 B17、D17 单元格。

（5）选定合并了 M17、N17 后的新单元格，编算式"＝B17＊B17/20"，算出 B_1 水平的组内矫正数"33464.4"，往右拖拽得到 B_2 水平的组内矫正数"111094.4"，再使用自动求和功能将这两个副区因素的组内矫正数汇总值"144558.8"合计到 Q17 单元格。

（6）选定 B17：F17 的单元格块，使用自动求和功能合计出数据总和 $T＝$"672.5"，再选定 H17 单元格，编算式"＝F17＊F17/40"，算出全试验矫正数 $C＝$"11306.4"。

（7）全选 B3：J7 值域单元格块，使用自动求和功能分别合计每个年份区组的合计值 T_r，再选定 J12 单元格，编算式"＝J3＊J3/8"，算出第一个区组的组内矫正数 $C_r＝$"3444.5"，往下拖拽至 J16 单元格，权柄复制出其他 4 个区组的组内矫正数，在 J17 单元格汇总 5 个区组的组内矫正数合计值"11603.7"。

（8）在 L2：Q10 值域填写裂区试验数据模式方差分析表中的文本标志，选定 N10 单元格，调用插入函数"DEVSQ"，全选 B3：I7 的 40 个差数数据可算得 $SS_T＝$"191354.4"，并在 M10 单元格填入总自由度"39"。

（9）选定 N6 单元格，编算式"＝Q11－H17"，算出体现主区间差异的平方和 $SS_m＝$"41892.4"，在 M6 单元格填入自由度"19"；再选定 N3 单元格，编算式"＝J17－H17"，算出按年份划分的区组间差异的平方和 $SS_A＝$"297.3"，在 M3 单元格填入自由度"4"。

（10）将 J11 单元格与 K11 两个单元格"合并后居中"，汇总出主区因素四个水平的组内矫正数合计值"49231.8",选定 N4 单元格,编算式"＝ J11－H17",算出体现主区因素各水平间差异的平方和 SS_A＝"37925.4",在 M4 单元格填入自由度"3"。

(11)在 M5 单元格编算式"＝M6－M3－M4"算得主区误差自由度 "12";往右拖拽至 N5 单元格,算出主区误差平方和 SS_{Ea}＝"3669.6";再选定 N7 单元格,编算式"＝Q17－H17",算出体现副区因素各水平间差异的平方和 SS_B＝"133252.4",在 M7 单元格填入自由度"1"。

(12)将 J9 单元格与 K9 两个单元格"合并后居中",汇总出 8 个水平组合的组内矫正数合计值"196705.5",选定 N8 单元格,编算式"＝J9－H17－N4－N7",算出主副区两因素间的交互作用平方和 SS_{AB}＝"14221.2",在 M8 单元格填入自由度"3"。

(13)在 M9 单元格编算式"＝M10－M6－M7－M8"算得副区误差自由度"16",往右拖拽至 N9 单元格,算出副区误差的平方和 SS_{Eb}＝"1988.4";再选定 O4 空单元格,编算式"＝N4/M4",算出主区因素主效应方差值 "12641.81"后往下拖拽直至 O9 单元格,算出副区误差方差"124.3",删掉 O6 单元格的计算结果。

(14)选定 P4 单元格,编算式"＝O4/O5",算出体现主区因素主效应的 F＝"41.3",再选定 P7：P8 单元格块,编算式"＝O7：O8/O9",同时敲击 "Ctrl＋Shift＋Enter"键,一次性算出副区因素主效应 F 值"1072.2"和主副区两因素间的交互作用 F 值"38.1"。

(15)选定 Q4 单元格,调用插入函数"FDIST",对话框依次填入"P4" "M4""M5"算得右尾概率 P＝"1.33×10^{-6}";选定 Q7 单元格,调用插入函数"FDIST",对话框依次填入"P7""M7""M9",算得右尾概率 P＝"4.32×10^{-16}";再选定 Q8 单元格,调用插入函数"FDIST",对话框依次填入 "P8""M8""M9",算得右尾概率 P＝"1.62×10^{-7}"。

任选一空单元格编算式"＝M4＋M7＋M8"得到 df_t＝"7",再往右拖拽得到按算式"＝N4＋N7＋N8"算出的单因素 SS_t＝"185399.1",可见裂区试验数据不论平方和还是自由度,总量分两个层次的分解结果与单因素数据模式以及两因素完全随机试验数据模式方差分析表有联系,即体现主副区两因素 8 个组合的平方和与图 10－3 中 K3(或者 K10)单元格中算出的处理平方和 SS_t＝"185399.1",以及图 10－1 中编算式"＝H25＋H26＋H27"得到的 SS_t＝"185399.1"相互验证,体现复因素处理平方和的再分解层次。

[例 13－2] 有一个特早熟扁豆的小区栽培试验,三因素,品种有 2 个,即红花一号(B_1)和白花二号(B_2);追肥设 2 个水平,即追尿素水(A_1)和不追肥(A_2);高垄单行栽植,行距即垄宽,包垄沟均为 1.5 m,株距设 4 个

水平，分别为 45 cm（C_1）、70 cm（C_2）、95 cm（C_3）、120 cm（C_4）。试验小区要求定为长 8 m 左右的垄块，试验地东西长约 30 m、南北宽 20 m（万海清，1998）。试予设计并分析试验结果。

　　本例用 2×8 裂区设计，将品种和密度两个因素形成的 8 个水平组合安排到副区，方案实施后，得试验结果之一主各试验小区 6 月 15 日至 7 月 5 日（1997）的扁豆荚鲜重（kg）数据。如图 13-2 所示，A 因素：追肥（A_1）和不追肥（A_2）两个水平；B 因素：红花一号（B_1）和白花二号（B_2）两个特早熟扁豆品种；C 因素：栽植密度，行距 1.5 m，株距分别为 45 cm（C_1）、70 cm（C_2）、90 cm（C_3）、120 cm（C_4）。

　　图 13-2 各试验小区编号的含义为品种和密度两因素的 8 个水平组合，即：请将图 13-2 中标出的试验观察结果按 L_{16}（4×2^{12}）的表头设计（见图 13-3）进行整理后，按表 13-1 完成总平方和的分解及处理平方和的再分解，列出方差分析表并写出各种情形下的多重比较步骤中标准误的计算方法和结果。1（B_1C_1）、2（B_1C_2）、3（B_1C_3）、4（B_1C_4）、5（B_2C_1）、6（B_2C_2）、7（B_2C_3）、8（B_2C_4）。

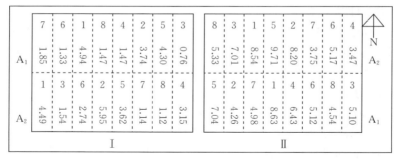

图 13-2　特早熟扁豆栽培试验的田间排列及观察结果

【Excel 表格中基本步骤的操作方法】

　　例 13-2 属于复因素试验数据，不仅平方和的分解有总平方和 SS_T 的分解及处理平方和 SS_t 的再分解两个层次，误差平方和 SS_e 也要按主区和裂区进行再分解，综合程度高。

　　如表 13-1 所示，其中的 SS_A、SS_r、SS_{Ea} 属于主区部分，汇总起来就是主区总平方和 SS_m，因此，SS_e 按主区和裂区进行再分解时，可由这一层关系先算出 $SS_{Ea} = SS_m - SS_A - SS_r$，然后由误差平方和总量 SS_e 减去 SS_{Ea} 得到 SS_{Ebc}。理解这一平方和分解特色的关键在于本资料属于三因素裂区设计，B、C 两因素构造的八个水平组合将主区一分为八，和主副区分别为两水平和八水平两因素裂区试验设计效果相当，同设计成再裂区试验的方法相比较，试验数据结果的分析要简单得多。

表 13 - 1　三因素裂区试验方差分析表和图 13 - 3 的关系

SOV	DF	DF 所在列位	SS	SS 所在列位	MS	F
区组	1		90.92			
A	1	$df_{(2)}$	2.67	$SS_{(2)}$	2.67	100.9
E_a	1	（　　　）			（　　　）	
主区	3		93.62			
B	1	$df_{(6)}$	6.79	$SS_{(6)}$	6.79	5.126*
C	3	$df_{(1)}$	50.15	$SS_{(1)}$	16.72	12.62**
A×B	1	$df_{(10)}$	0.72	$SS_{(10)}$	0.72	0.544
A×C	3	$df_{(3)}+df_{(4)}+df_{(5)}$	（　　　）	$SS_{(3)}+SS_{(4)}+SS_{(5)}$	（　　　）	1.283
B×C	3	$df_{(7)}+df_{(8)}+df_{(9)}$	（　　　）	$SS_{(7)}+SS_{(8)}+SS_{(9)}$	（　　　）	0.714
A×B×C	3	$df_{(11)}+df_{(12)}+df_{(13)}$	（　　　）	$SS_{(11)}+SS_{(12)}+SS_{(13)}$	（　　　）	1.525
E_{BC}	14		（　　　）		（　　　）	
总	31		183.81			

（1）沿用图 11 - 1 中套正交表 L_8（4×2^4）整理两因素试验数据的模式，将正交表 L_{16}（4×2^{12}）的全部水平编码录入 B3：N18 单元格块，其中第（1）列为操作方便挪到最后一列；再将图 13 - 2 的试验观察值录入 O3：P18 单元格块，如图 13 - 3 所示。

（2）使用自动求和功能将 O3：P18 值域的两向合计值算出来，在 Q19 单元格中显示全试验数据总和"140.62"，O19：P19 值域显示两个区组的合计值，分别为"43.34""97.28"，Q3：Q18 显示 16 个处理的合计值 T_t。

（3）选定 Q22 单元格，调用插入函数"DEVSQ"，全选 O3：P18 值域的试验观察值可算得 SS_T＝"183.81"；再选定 Q21 单元格，调用插入函数"DEVSQ"，全选 Q3：Q18 值域的 T_t 值，确认后再在编辑栏键入"/2"补全算式可算得 SS_t＝"74.32"。

（4）正交表 12 个两水平列的合计值 T_1、T_2 的合计方法参照图 11 - 1 中的方法进行，如第 2 列的 T_1＝"65.69"就是由该列水平编码 1 对应的 Q3、Q4、Q7、Q8、Q11、Q12、Q15、Q16 所在的 T_t 值（即 16 个试验观察值）合计；同理，T_2＝"74.93"就是由该列水平编码 2 对应的 Q5、Q6、Q9、Q10、Q13、Q14、Q17、Q18 所在的 T_t 值合计。其他各列类推。

（5）正交表挪至最后 1 列的 T_1、T_2、T_3、T_4 值的合计方法与上述 12 列的不同，各水平合计值都由 4 个对应的 T_t 值合计，即该列水平编码 1 对应的 Q3、Q4、Q5、Q6 所在的 T_t 值（即 8 个试验观察值）合计出"51"在 N19 单元格，该列水平编码 2 对应的 Q7、Q8、Q9、Q10 所在的 T_t 值合计出 "36.51" 在 N20 单元格，该列水平编码 3 对应的 Q11、Q12、Q13、Q14 所在的 T_t 值合计出 "26.13" 在 N21 单元格，该列水平编码 4 对应的 Q15、Q16、Q17、Q18 所在的 T_t 值合计出 "26.98" 在 N22 单元格。

	Q23		▼		f_x	=SUM(B23:N23)										
	A	B	C	D	E	F	G	H	I	J	K	L	M	N	O	P	Q
1	处理	A	A×C			B	B×C			A×B		A×B×C		C	区	组	T_t
2		(2)	(3)	(4)	(5)	(6)	(7)	(8)	(9)	(10)	(11)	(12)	(13)	(1)	I	II	
3	1	1	1	1	1	1	1	1	1	1	1	1	1	1	4.94	8.63	13.57
4	2	1	1	1	1	2	2	2	2	2	2	2	2	1	4.03	7.04	11.07
5	3	2	2	2	2	1	1	1	1	2	2	2	2	1	4.49	8.54	13.03
6	4	2	2	2	2	2	2	2	2	1	1	1	1	1	3.62	9.71	13.33
7	5	1	1	2	2	1	1	2	2	1	1	2	2	2	3.74	4.26	8
8	6	1	1	2	2	2	2	1	1	2	2	1	1	2	1.33	5.12	6.45
9	7	2	2	1	1	1	1	2	2	2	2	1	1	2	5.95	8.2	14.15
10	8	2	2	1	1	2	2	1	1	1	1	2	2	2	2.74	5.17	7.91
11	9	1	2	1	2	1	2	1	2	1	2	1	2	3	0.76	5.1	5.86
12	10	1	2	1	2	2	1	2	1	2	1	2	1	3	1.85	4.98	6.83
13	11	2	1	2	1	1	2	1	2	2	1	2	1	3	1.54	7.01	8.55
14	12	2	1	2	1	2	1	2	1	1	2	1	2	3	1.14	3.75	4.89
15	13	1	2	2	1	1	2	2	1	1	2	2	1	4	1.47	6.43	7.9
16	14	1	2	2	1	2	1	1	2	2	1	1	2	4	1.47	4.54	6.01
17	15	2	1	1	2	1	2	2	1	2	1	1	2	4	3.15	3.47	6.62
18	16	2	1	1	2	2	1	1	2	1	2	2	1	4	1.12	5.33	6.45
19	T_1	65.69	65.60	72.46	74.05	77.68	72.93	67.83	67.20	67.91	70.82	70.88	77.23	51.00	43.34	97.28	140.62
20	T_2	74.93	75.02	68.16	66.57	62.94	67.69	72.79	73.42	72.71	69.80	69.74	63.39	36.51			
21														$T_3=$ 26.13	19.59	46.10	74.32
22														$T_4=$ 26.98	23.75	51.18	183.81
23	SS	2.67	2.77	0.58	1.75	6.79	0.86	0.77	1.21	0.72	0.03	0.04	5.99	50.15	90.92	93.62	74.32
24	df	1	1	1	1	1	1	1	1	1	1	1	1	3		3	15

图 13-3 使用插入函数 DEVSQ 完成三因素 2×8 式裂区试验整理与分析

（6）选定 O21 单元格，编算式 "=O3＋O4＋O7＋O8＋O11＋O12＋O15＋O16"，算出区组 I 的 A_1 主区 $T_m=$ "19.59"，往右拖拽至 P21 单元格，算出区组 II 的 A_1 主区 $T_m=$ "46.10"；再选定 O22 单元格，编算式 "=O5＋O6＋O9＋O10＋O13＋O14＋O17＋O18"，算出区组 I 的 A_2 主区 $T_m=$ "23.75"，往右拖拽至 P22 单元格，算出区组 II 的 A_2 主区 $T_m=$ "51.18"。

（7）选定 B23 单元格，调用插入函数 "DEVSQ"，对话框选定 B19：B20 值域，确认后再在编辑栏键入 "/16" 补全算式可算得 $SS_{(2)}=$ "2.67"，往右拖拽直到 M23 单元格显示 "5.99"；选定 N23 单元格，调用插入函数 "DEVSQ"，对话框选定 N19：N22 值域，确认后再在编辑栏键入 "/8" 补全算式可算得 $SS_{(1)}=$ "50.15"；再选定 Q23 单元格，调用插入函数 "SUM"，对话框选定 B23：N23 值域，确认后得到 $SS_t=$ "74.32"，验证正交表平方和再分解层次的自动检校功能。详情参考万海清等（1998）。

（8）选定 O23 单元格，调用插入函数 "DEVSQ"，对话框选定 O19：P19

值域，确认后再在编辑栏键入"/16"补全算式可算得区组平方和分量 $SS_r=$ "90.92"，O24 单元格填入自由度"1"；选定 P23 单元格，调用插入函数"DEVSQ"，对话框选定 O21：P22 值域，确认后再在编辑栏键入"/8"补全算式可算得主区平方和分量 $SS_m=$ "93.62"，P24 单元格填入自由度"3"。

（9）在 B24：N24 单元格块填入由各列水平编码个数减 1 得到的自由度，选定 Q24 单元格，调用插入函数"SUM"，对话框选定 B24：N24 值域，确认后也得到处理自由度 $df_t=$ "15"，验证正交表自由度再分解层次的自动检校功能。

图 13-3 最末两行是指处理平方和 SS_t、自由度套图 13-3 正交表 L_{16}（$4×2^{12}$）的表头设计整理原始数据的结果进行再分解计算时，各个主效应和交互作用平方和、自由度与该正交表各列平方和、自由度的对应关系。在利用该关系整理原始数据计算正交表每列各水平总和 T_1、T_2、T_3、T_4 值时，注意借助 Excel 界面"数据（D）"窗口的"筛选（F）"功能，可大大加快数据整理速度！本例三因素设计成 2×8 式裂区试验结果的多重比较可参照盖钧镒主编（2022）的教材完成。

三、作业与思考

1. 正交表在例 13-2 的三因素试验结果的方差分析过程中起了哪些作用？这种场合应用正交表的前提是什么？

2. 正交表在正交试验中的作用与例 13-2 有何不同？如果不套正交表整理数据，请根据盖钧镒主编（2022）的《试验统计方法（第五版）》中棉花三因素随机区组试验例题的分析方法进行综合，完成方差分析表。

实训 14　重复观测与条区试验数据的方差分析

一、实训内容

使用 Excel 或者 WPS 针对两因素重复测量和条区试验数据模式进行平方和、自由度的分解与再分解两个层次的操作训练，掌握重复测量和条区试验数据的方差分析与两因素试验结果方差分析的联系和区别。熟悉重复观测试验、条区试验在试验设计中控制试验规模的优势。

二、试验资料及上机操作

[例 14 - 1] 沿用图 12 - 1 中整理图 10 - 1 连续 5 年的试验观察数据的方法，5 个年份仅视为 5 个重复，棉花品种设置为主区因素（B），A 因素的 4 个水平假定为 4 种不同采收期的重复观测结果，则变为类似图 13 - 1 中的副区因素（A），图 12 - 1 中 B3：I7 值域的差数数据重新调整列位顺序整理到图 14 - 1 中的 A1：I7 值域，模拟重复观测试验数据模式，试予分析。

N10						fx =L10*L10/40									
	A	B	C	D	E	F	G	H	I	J	K	L	M	N	O	P
1	主区	B_1				B_2						棕彩棉重复观测试验数据的方差分析表				
2	副区	A_1	A_2	A_3	A_4	A_1	A_2	A_3	A_4		差异源	DF	SS	MS	F	$Pr(>F)$
3		-73.1	-37.3	-2.3	-50.9	12.7	48.4	123.3	145.2		B	1	133252.4	133252.4	1880.2	8.83E-11
4		-68.5	-42.1	-7.9	-41.4	-13	37.4	123.5	142.5		E_b	8	567.0	70.9		
5		-68.5	-41.8	-15.7	-42.7	-8.4	53	109.2	132.8		主区合计	9	133819.4			
6		-65.6	-31.6	-9.1	-57.4	18.6	64.9	83.9	102.6		A	3	37925.4	12641.8	56.3	5.21E-11
7		-66.8	-30.3	-8.2	-56.9	24.5	88.7	93.1	107.7		$B×A$	3	14221.2	4740.4	21.1	6.45E-07
8	T_{BA}	-342.5	-183.1	-43.2	-249.3	34.4	292.4	533	630.8		Ea	24	5388.4	224.5		
9	C_{BA}	23461	6705	373.2	12430	236.7	17100	56818	79582		总变异	39	191354.4			196705.5
10		-163.6		329.6		6691.2		27159.0			T	672.5		11306.4		145125.8
11		-159.9		290.4		6392.0		21083.0			T_B	-818.1		1490.6		
12	Tm	-168.7		286.6		7114.9		20534.9		C_m	C_B		33464.4	111094.4		144558.8
13		-163.7		270		6699.4		18225.0			T_A	-308.1	109.3	489.8	381.5	
14		-162.2		314		6577.2		24649.0			C_A	9492.6	1194.6	23990.4	14554	49231.8

图 14 - 1　使用组内矫正数按重复观测试验数据整理格式完成方差分析表的过程

【Excel 表格中重复测量数据模式的方差分析操作步骤】

（1）沿用图 13 - 1 中 B8：I9 值域方法相同的计算结果，图 14 - 1 中 A1：I7 实质为时间裂区试验数据模式，两个棉花品种 B_1、B_2 更新为主区标志，以 A_1、A_2、A_3、A_4 更新为副区标志；B8：I8 值域更新为 T_{BA} 标志，B9：I9 值域更新为 C_{BA} 标志，P9 单元格汇总 B9：I9 值域的 8 个组内矫正数得到 "196705.5"。

（2）选定图 14-1 中合并了两个空单元格 B10、C10 的新单元格，调用函数 "SUM"，对话框选定 B3：E3 值域，算出第一个主区的合计值 "-163.6" 后往下拖拽；再选定合并了两个空单元格 D10、E10 的新单元格，调用函数 "SUM"，对话框选定 F3：I3 值域，算出又一个主区的合计值 "329.6" 后往下拖拽，得到 B10：D14 值域共 10 个主区的合计值 T_m。

（3）选定合并了两个空单元格 F10、G10 的新单元格，编算式 "＝B10＊B10/4"，算出第一个主区的组内矫正数 C_m = "6691.2"，往下往右拖拽至 H14 单元格，权柄复制出其他 9 个主区的组内矫正数。各主区组内矫正数如图 14-1 中 F10：H14 值域所示；P10 单元格汇总 10 个主区组内矫正数得到 "145125.8"。

（4）选定合并了两个空单元格 L11、M11 的新单元格，调用函数 "SUM"，对话框选定 B8：E8 值域，算出主区因素 B_1 水平的合计值 "-818.1"，再选定合并了两个空单元格 N11、O11 的新单元格，调用函数 "SUM"，对话框选定 F8：I8 值域，确认后算得 B_2 水平的合计值 "1490.6"。

（5）选定合并了两个空单元格 L12、M12 后的新单元格，编算式 "＝L11＊L11/20"，算出 B_1 水平的组内矫正数 "33464.4"，往右拖拽得到 B_2 水平的组内矫正数 "111094.4"，再使用自动求和功能将这两个副区因素的组内矫正数汇总值 "144558.8" 合计到 P12 单元格。

（6）选定 L13 空单元格，编算式 "＝B8＋F8"，算出副区因素 A_1 水平的合计值 "-308.1" 后往右拖拽 O13 单元格，权柄复制出副区因素其余三个水平的合计值；再选定 L14 单元格，编算式 "＝L13＊L13/10"，算出 A_1 水平的组内矫正数 "9492.6" 后往右拖拽至 O14 单元格，权柄复制出副区因素其余三个水平的组内矫正数，在 P14 单元格汇总四个水平的组内矫正数合计值 "49231.8"。

（7）选定合并了两个空单元格 L10、M10 后的新单元格，调用函数 "SUM"，对话框选定 B8：I8 值域，合计出数据总和 $T=$ "672.5"；再选定合并了两个空单元格 N10、O10 后的新单元格，编算式 "＝L10＊L10/40"，算出全试验矫正数 $C=$ "11306.4"。

（8）在 K2：P9 值域填写重复观测试验数据模式方差分析表中的文本标志，选定 M9 单元格，调用插入函数 "DEVSQ"，全选 B3：I7 的 40 个差数数据可算得 $SS_T=$ "191354.4"，并在 M10 单元格填入总自由度 "39"。

（9）选定 M5 单元格，编算式 "＝P10-N10"，算出体现主区间差异的平方和 $SS_m=$ "133819.4"，在 L5 单元格填入自由度 "9"；再选定 M3 单元格，编算式 "＝P12-N10"，算出体现主区因素各水平间差异的平方和 $SS_B=$ "133252.4"，在 L3 单元格填入自由度 "1"。

（10）选定 L4 单元格，编算式"＝L5－L3"，确认后得到主区误差自由度"8"后往右拖拽算出主区误差平方和 SS_{Eb}＝"567.0"。

（11）选定 M6 单元格，编算式"＝P14－N10"，算出体现副区因素各水平间差异的平方和 SS_A＝"37925.4"，在 L6 单元格填入自由度"3"。

（12）选定 M7 单元格，编算式"＝P9－N10－M3－M6"，算出主副区两因素间的交互作用平方和 SS_{AB}＝"14221.2"，在 M8 单元格填入自由度"3"。

（13）在 L8 单元格编算式"＝L9－L5－L6－L7"算得副区误差自由度"24"，往右拖拽至 M8 单元格，算出副区误差的平方和 SS_{Ea}＝"5388.4"。

（14）选定 N3 空单元格，编算式"＝M3/L3"，算出主区因素主效应方差值"133252.4"后往下拖拽，算出主区误差方差"70.9"；再选定 N6 空单元格，编算式"＝M6/L6"，算出副区因素主效应方差值"12641.8"后往下拖拽，直到算出副区误差方差"224.5"。

（15）选定 O3 单元格，编算式"＝N3/N4"，算出体现主区因素主效应的 F＝"1880.2"，再选定 O6：O7 单元格块，编算式"＝N6：N7/N8"，同时敲击"Ctrl＋Shift＋Enter"键，一次性算出副区因素主效应 F 值"56.3"和主副区两因素间的交互作用 F 值"21.1"。

（16）选定 P3 单元格，调用插入函数"FDIST"，对话框依次填入"O3""L3""L4"，算得右尾概率 P＝"$8.83×10^{-11}$"；选定 P6 单元格，调用插入函数"FDIST"，对话框依次填入"O6""L6""L8"算得右尾概率 P＝"$5.21×10^{-11}$"；再选定 P7 单元格，调用插入函数"FDIST"，对话框依次填入"O7""L7""L8"算得右尾概率 P＝"$6.45×10^{-7}$"。

任选一空单元格编算式"＝L3＋L6＋L7"得到 df_t＝"7"，再往右拖拽得到按算式"＝M3＋M6＋M7"算出的 SS_t＝"185399.1"，可见重复观测试验数据不论平方和还是自由度，总量分两个层次的分解结果与两因素裂区试验数据模式方差分析表的联系，即体现主副区两因素 8 个组合的平方和与图 10－3 中 K3（或者 K10）单元格中算出的处理平方和 SS_t＝"185399.1"，以及图 10－1 中编算式"＝H25＋H26＋H27"得到的 SS_t＝"185399.1"相互验证，体现复因素处理平方和的再分解层次。

[例 14－2] 沿用图 13－1 中 B8：I9 值域方法相同的计算结果，图 14－2 中 A1：I7 视为条区试验数据模式，仍以 A_1、A_2、A_3、A_4 标志为氮肥施用量的四个水平；B_1、B_2 标志为两个棉花品种。试模拟条区设计的试验数据模式完成方差分析。

【Excel 表格中条区设计数据模式的方差分析操作步骤】

（1）B10 单元格为 B8：I8 值域的合计值 T＝"672.5"，D10 单元格汇总 B9：I9 值域的 8 个组内矫正数得到"196705.5"；再选定合并了两个空单元格

	D10		f_x	=B10*B10/40											
	A	B	C	D	E	F	G	H	I	J	K	L	M	N	O	P
1		A_1		A_2		A_3		A_4			棕彩棉条区设计试验结果的方差分析表					
2		B_1	B_2	B_1	B_2	B_1	B_2	B_1	B_2		差异源	DF	SS	MS	F	$Pr(>F)$
3		−73.1	12.7	−37.3	48.4	−2.3	123.5	−50.9	145.2		区组	4	297.3			
4		−68.5	−13	−42.1	37.4	−7.9	123.5	−41.4	142.5		A	3	37925.4	12641.8	41.3	1.33E-06
5		−68.5	−8.4	−41.8	53	−15.7	109.2	−42.7	132.8		Ea	12	3669.6	305.8		
6		−65.6	18.6	−31.6	64.9	−9.1	83.9	−57.4	102.6		B	1	133252.4	133252.4	1976.5	1.53E-06
7		−66.8	24.5	−30.3	88.7	−8.2	93.1	−56.9	107.7		E_b	4	269.7	67.4		
8	T_{AB}	−342.5	34.4	−183.1	292.4	−43.2	533	−249.3	630.8		$A×B$	3	14221.2	4740.4	33.1	4.39E-06
9	C_{AB}	23461	236.7	6705	17100	373.2	56818	12430	79582			12	1718.7	143.2		
10	T	672.5		11306.4		53198.8		196705.5			总变异	39	191354.4			
11		−60.4	11.1		121		94.3			Tr	166.0	3444.5	−163.6	329.6	6691.2	27159.0
12		−81.5	−4.7		115.6		101.1			Cr	130.5	2128.5	−159.9	290.4	6392.0	21083.0
13	T_i	−76.9	11.2		93.5		90.1			T_j	117.9	1737.6	−168.7	286.6	7114.9	20534.9
14		−47	33.3		74.8		45.2				106.3	1412.5	−163.7	270.0	6699.4	18225.0
15		−42.3	58.4		84.9		50.8			C_j	151.8	2880.4	−162.2	314.0	6577.2	24649.0
16		1824.1	61.6	7320.5		4446.2					11603.7					145125.8
17		3321.1	11.0	6681.7		5110.6				T_B	−818.1		1490.6			
18	C_i	2956.8	62.7	4371.1		4059.0				C_B	33464.4		111094.4			144558.8
19		1104.5	554.4	2797.5		1021.5				T_A	−308.1	109.3	489.8	381.5		
20		894.6	1705.3	3604.0		1290.3				C_A	9492.6	1194.6	23990.4	14554.2		49231.8

图 14-2　使用组内矫正数按条区试验数据整理格式完成方差分析表的过程

N10、O10 后的新单元格,编算式"=L10*L10/40",算出全试验矫正数 C="11306.4"。

（2）选定图 14-2 中合并了两个空单元格 B11、C11 的新单元格,调用函数"SUM",对话框选定 B3：C3 值域,算出第一个 A 条区的合计值"−60.4"后往下往右拖拽至 H15 单元格,得到 B11：D15 值域共 20 个 A 条区的合计值 T_i。

（3）选定合并了两个空单元格 B16、C16 的新单元格,编算式"=B11*B11/2",算出第一个 A 条区的组内矫正数 C_i="1824.1",往下往右拖拽至 H20 单元格,权柄复制出其他 19 个 A 条区的组内矫正数。如图 14-2 中 B16：H20 值域所示;F10 单元格汇总 20 个 A 条区组内矫正数得到"53198.8"。

（4）选定合并了两个空单元格 L17、M17 的新单元格,编算式"=B8+D8+F8+H8",算出棉花品种因素 B_1 水平的合计值"−818.1",再选定合并了两个空单元格 N11、O11 的新单元格,编算式"=C8+E8+G8+I8",确认后算得 B_2 水平的合计值"1490.6"。

（5）选定合并了两个空单元格 L18、M18 的新单元格,编算式"=L17*L17/20",算出 B_1 水平的组内矫正数"33464.4",往右拖拽得到 B_2 水平的组内矫正数"111094.4",再使用自动求和功能将这两个副区因素的组内矫正数汇总值"144558.8"合计到 P18 单元格。

（6）在 L19、M19、N19、O19 单元格依次合计 B8：C8、D8：E8、F8：G8、H8：I8 值域的 T_{AB} 值,得到施氮量因素四个水平 A_1、A_2、A_3、A_4 的

T_A 值；再选定 L20 单元格，编算式"＝L19＊L19/10"，算出 A_1 水平的组内矫正数"9492.6"后往右拖拽至 O20 单元格，权柄复制出其余三个水平的组内矫正数，P20 单元格汇总四个的组内矫正数合计值"49231.8"。

（7）在 K2：P9 值域填写条区试验数据模式方差分析表中的文本标志，选定 M10 单元格，调用函数"DEVSQ"，全选 B3：I7 的 40 个差数数据可算得 $SS_T=$ "191354.4"，并在 M10 单元格填入总自由度"39"。

（8）选定 K11 单元格，调用函数"SUM"，对话框选定 B3：I3 值域，算出第一个年份的合计值"166"后往下拖拽至 K15 单元格，得到 K11：K15 值域共年份的合计值 T_r；再选定 L11 单元格，编算式"＝K11＊K11/8"，算出第一个年份的组内矫正数 $C_r=$ "3444.5"，往下拖拽至 L15 单元格，权柄复制出其他 4 个年份的组内矫正数，在 L16 单元格汇总 5 个年份区组的组内矫正数合计值"11603.7"。

（9）选定 M11 单元格，编算式"＝B3＋D3＋F3＋H3"，算出第一个 B 条区的合计值"－163.6"，后往下往右拖拽至 N15 单元格，得到 M11：N15 值域共 10 个 B 条区的合计值 T_j；再选定 O11 单元格，编算式"＝M11＊M11/4"，算出第一个 B 条区的组内矫正数 $C_j=$ "6691.2"，往下往右拖拽至 P15 单元格，权柄复制出其他 9 个 B 条区的组内矫正数，如图 12K 中 O11：P15 值域所示；P17 单元格汇总 10 个 B 条区组内矫正数得到"145125.8"。

（10）选定 M3 单元格，编算式"＝L16－D10"，算出体现区组间差异的平方和 $SS_r=$ "297.3"，在 L3 单元格填入自由度"4"；再选定 M4 单元格，编算式"＝P20－D10"，算出体现施氮量因素各水平间差异的平方和 $SS_A=$ "37925.4"，在 L4 单元格填入自由度"3"。

（11）选定 M5 单元格，编算式"＝F10－D10－M3－M4"，算出 A 条区误差的平方和 $SS_{Ea}=$ "3669.6"，在 L5 单元格填入误差自由度"12"。

（12）选定 M6 单元格，编算式"＝P18－D10"，算出体现棉花品种因素各水平间差异的平方和 $SS_B=$ "133252.4"，在 L6 单元格填入自由度"1"；再选定 M7 单元格，编算式"＝O16－D10－M3－M6"，算出 B 条区误差的平方和 $SS_{Eb}=$ "269.7"，在 L7 单元格填入误差自由度"4"。

（13）选定 M8 单元格"＝H10－D10－M4－M6"，算出 A、B 两因素间交互作用的平方和 $SS_{AB}=$ "14221.2"，在 L8 单元格填入自由度"3"；再在 L9 单元格编算式"＝L10－L3－L4－L5－L6－L7－L8"算得小区误差自由度"12"，往右拖拽至 M9 单元格，算出小区误差的平方和 $SS_{Ec}=$ "1718.7"。

（14）选定 N4 空单元格，编算式"＝M4/L4"，算出施氮量因素主效应方差值"12641.8"后往下拖拽至 N9 单元格，直到算出小区误差方差"143.2"。

（15）选定 O4 单元格，编算式"＝N4/N5"，算出体现施氮量因素主效应

的 $F=$ "41.3"；再选定 O6 单元格，编算式 "＝N6/N7"，算出体现品种因素主效应的 F 值 "1976.5"；最后选定 O8 单元格，编算式 "＝N8/N9"，算出体现 A、B 两因素交互作用的 F 值 "33.1"。

（16）选定 P4 单元格，调用函数 "FDIST"，对话框依次填入 "O4" "L4" "L5" 算得右尾概率 $P=$ "1.33×10^{-6}"；选定 P6 单元格，调用函数 "FDIST"，对话框依次填入 "O6" "L6" "L7" 算得右尾概率 $P=$ "1.53×10^{-6}"；再选定 P8 单元格，调用函数 "FDIST"，对话框依次填入 "O8" "L8" "L9" 算得右尾概率 $P=$ "4.39×10^{-6}"。

任选一空单元格编算式 "＝L4＋L6＋L8" 得到 $df_t=$ "7"，再往右拖拽得到按算式 "＝M4＋M6＋M8" 算出的 $SS_t=$ "185399.1"，可见条区试验数据不论平方和还是自由度，总量分两个层次的分解结果与两因素裂区试验数据模式方差分析表的联系，即体现 A、B 两因素 8 个组合的平方和与图 10－3 中 K3（或者 K10）单元格中算出的处理平方和 $SS_t=$ "185399.1"，以及图 10－1 中编算式 "＝H25＋H26＋H27" 得到的 $SS_t=$ "185399.1" 相互验证，体现复因素处理平方和的再分解层次。

综合实训 10 到实训 14 棕彩棉与湘杂 2 号不同氮肥调节效应观察数据的案例分析，从该两因素试验数据套用 9 种不同数据模式完成的方差分析表来看，用单因素完全随机试验和单因素随机区组试验 2 种数据模式结论最简洁，就是表明两因素 8 个处理之间存在显著或极显著差异。另外 6 种数据模式包括两因素完全随机试验、两因素随机区组试验、正交试验、裂区试验、条区试验和重复观测试验都能够呈现不同棉花品种、不同氮肥施用量的主效应及其互作效应的显著性。表明该两因素试验方案不论分析主效应还是互作效应，上述 6 种试验设计方法都是可行的。其中，正交试验数据模式中的 C 因素只是虚拟的第三个因素，方差比 $F=$ "5.7" 显示所在列位显著显然是 A、B 两因素互作效应显著的缘故。

只有图 12－1 中系统分组数据模式的方差分析表未呈现氮肥四个水平之间的差异显著性，$F=$ "0.3429"，这是因为氮肥施用量作为一级分组因素，检验其主效应是否显著需要计算方差比时，分母方差的 SS_{E1} 混入了 A、B 两因素的互作效应 $SS_{A \times B}$，使得 F 值减小。若将图 12－1 体现亚组间差异的方差和 F 值计算出来，和图 10－3 中 M3 和 N3 单元格完全一致。所以，本案例明确两因素存在互作效应后，重要的已经不是棉花品种和氮肥施用量的主效应分析，而是要注重 8 个水平组合的多重比较。也就是说，本案例最终的分析结论为以图 10－3 单因素方差分析表为依据分析 8 个处理之间的差异显著性也是可行的。

三、作业与思考

1. 如果遇到两因素不存在互作效应的试验数据，是不是就不会出现图 12-1 系统分组数据模式中组间差异的显著性被互作效应干扰的现象？

2. 就图 10-5、图 10-6、图 11-1、图 13-1、图 14-1 和图 14-2 共六种试验数据模式的方差分析表，针对同一大案例数据的试验因素主效应和互作效应的显著性进行综合，比较这些试验设计方法各自的优势。

第 三 章

综合案例教学部分

实训 15　百分数及统计次数的显著性检验

一、实训内容

依据 t 分布和标准分布演练百分数的 t 检验或者正态离差 u 检验，依据卡方分布演练统计次数的适合性检验与独立性检验，明确针对百分数和统计次数进行显著性检验时该不该矫正检验统计量，并熟悉 χ^2 分布、标准分布和 t 分布之间的联系，体验提高电子表格运算效率的方法除了编算式和调用 Excel 或 WPS 函数外，还有一个使用 Ctrl＋Shift＋Enter 进行块操作的途径。

二、试验资料及上机操作

[例 15-1]　3 个奶牛场高产奶牛、低产奶牛数量（头）分别为甲场——32、18；乙场——28、26；丙场——38、10。试检验高、低产奶牛的构成比是否与奶牛场有关（贵州农学院，1993）。

【"A1"型 Excel 表格中的块操作步骤】

（1）如图 15-1 所示，在 Excel 表格 A 列依次输入 32、28、38，B 列输入 18、26 及 10，使用自动求和按钮快速算出该两向表的横向、纵向合计及全部数据总和。

（2）选定空单元格 E1，编算式"＝＄C1＊A＄4/＄C＄4"算得理论次数"32.237"，再往右、往下拖拽可得到另外 5 个理论次数。

（3）选定 H1：I3 的 6 个空单元格块，按"＝"后选定 A1：B3 单元格块中的观察次数，再按"－"选定 E1：F3 单元格块的理论次数，同时按下 Ctrl、Shift 和 Enter 三个键实现组合键回车，得到 6 个差数数据。

（4）选定 K1：L3，编算式"＝H1：I3＊H1：I3/E1：F3"，使用 Ctrl＋Shift＋Enter 完成块操作，得到差数平方后与对应理论次数的比值。

（5）选定 L5，调用函数"SUM"算出 K1：L3 的合计"8.2848"即 χ^2 值，再选定 L6，调用函数"CHIDIST"算得右尾概率"0.0159"。因低于 5%

的小概率标准，达到显著水平，所以推断本例高产奶牛与低产奶牛构成比与奶牛场有关，也就是 3 个奶牛场的高产奶牛与低产奶牛构成比有本质差别。

	A	B	C	D	E	F	G	H	I	J	K	L
1	32	18	50		32.237	17.763		-0.237	0.2368		0.0017	0.0032
2	28	26	54		34.816	19.184		-6.816	6.8158		1.3343	2.4215
3	38	10	48		30.947	17.053		7.0526	-7.053		1.6072	2.9168
4	98	54	152									
5											χ^2值	8.2848

函数参数 ⊗

CHIDIST
X L5 = 8.28478934
Deg_freedom 2 = 2

返回 χ2 分布的收尾概率。
= 0.015884767

Deg_freedom 自由度，介于 1 与 10^10 之间，不含 10^10

图 15-1　构成比的独立性检验过程与结果

❖ **本例 2×3 独立性检验的原理归纳如下：**

(1) H_0：＿＿＿＿＿＿＿＿＿

(2) $\chi^2 = \sum\limits_{i=1}^{6} \dfrac{(O-E)^2}{E} = $ ＿＿＿＿＿＿ , $\nu = $ ＿＿＿＿＿＿

(3) $P(\chi^2 \geqslant$ ＿＿＿＿＿$) = 0.0159$

(4) 推断：∵ ＿＿＿＿＿ ∴拒绝 H_0

❖ **在无电脑计算概率的情况下，本例独立性检验的步骤为：**

(1) H_0：＿＿＿＿＿＿＿＿＿

(2) $\chi^2 = \sum\limits_{i=1}^{6} \dfrac{(O-E)^2}{E} \left(或 \sum\limits_{i=1}^{6} \dfrac{(A-T)^2}{T}\right) = $ ＿＿＿＿＿＿

(3) 按自由度 $\nu = $ ＿＿＿＿＿ ，查附表得 $\chi^2_{0.05} = 5.99$

(4) 推断：∵ ＿＿＿＿＿ ∴拒绝 H_0

> **注**：借助块操作完成的计算若要删除，只能选定整块操作 Delete 实现，不能删除个别数据，使用退格键删除将判定为非法操作，退出的方法是用鼠标点击"fx"左边的"×"!

[**例 15-2**] 某猪场 102 头仔猪中，公的 54 头，母的 48 头。分别用单个样本百分数 u 检验和适合性 χ^2 检验其是否符合雌雄配子分离 1：1 的理论比例。并验证：$\chi^2 = u^2$。

【提示：验证 $\chi^2 = u^2$ 时，若矫正 χ^2 值，u 值也需要矫正，求绝对值的函数可使用"ABS"!】

【"A1"型 Excel 表格中 u 检验操作步骤】

（1）如图 15-2 所示，在 Excel 表格 B 列依次输入观察次数 54、48，C 列输入按 1:1 得知的理论次数 51、51，用自动求和按钮快速算出纵向合计值。

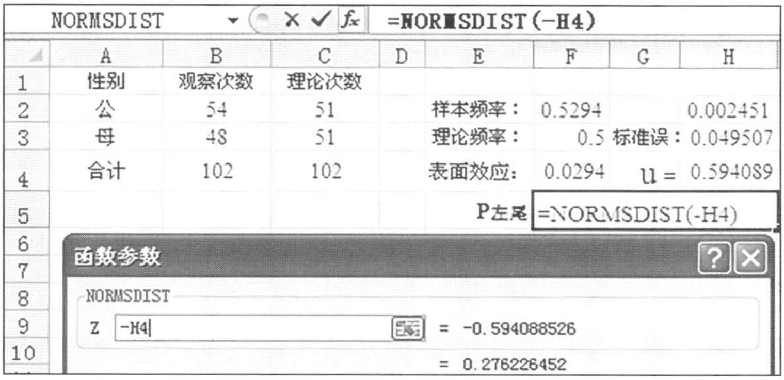

图 15-2　单个样本频率 u 检验过程与结果

（2）选定空单元格 F2，编算式"＝B2/B4"算出样本频率"0.5294"。选定 F3，编算式"＝C2/C4"算出理论频率"0.5"。选定 F4，编算式"＝F2－F3"算出表面效应"0.0294"。

（3）选定 H2，编算式"＝F3*(1－F3)/C4"先算得"0.002451"。

（4）选定 H3，调用"SQRT"对话框输入 H2 算得标准误＝"0.04951"。

（5）选定 H4，编算式"＝F4/H3"计算出 $u＝$"0.5941"；然后调用"NORMSDIST"，对话框输入－H4，算得左尾概率"0.2762"，即两尾概率为 0.5524，此概率远高于 5% 的小概率标准，未达到显著水平，可以推断本例仔猪公母占比与 50% 的理论百分比无显著差异。

❖ **上述两尾检验的原理归纳如下：**

（1）H_0：＿＿＿＿＿＿＿＿＿（或 $p＝0.5$）

（2）标准误 $\sigma_{\hat{p}}＝$＿＿＿＿＿＿

（3）$P(|\hat{p}-p_0|\geqslant0.0294)=P(\hat{p}-p_0\leqslant$＿＿＿＿$)+P(\hat{p}-p_0\geqslant$＿＿＿＿$)$ $=P(|u|\geqslant0.5941)=P(u\leqslant$＿＿＿＿$)+P(u\geqslant$＿＿＿＿$)=0.5525$

（4）推断：∵＿＿＿＿＿　∴接受 H_0（或 H_0 成立）

❖ **在无电脑计算概率的情况下，上述两尾检验的步骤为：**

（1）H_0：＿＿＿＿＿＿（或 $p＝0.5$）

（2）标准误 $\sigma_{\hat{p}}＝$＿＿＿＿＿＿，$u=\dfrac{\hat{p}-p_0}{\sigma_{\hat{p}}}=$＿＿＿＿＿＿

（3）查附表得两尾 $u_{0.05}＝1.96$

（4）推断：∵_____ ∴接受 H₀

【"A1"型 Excel 表格中适合性测验操作步骤】

（1）沿用图 15-2 中 B2：C3 值域的统计次数如图 15-3 所示，选定空单元格 E2、E3 分性别组算得观察次数与理论次数之差"3"和"-3"。

（2）选定 G2，编算式"＝E2＊E2/C2"算得比值"0.1765"，然后拖拽至 G3 得到"0.1765"。

（3）用自动求和按钮纵向合计得到 χ^2 值"0.3529"于 G4 单元格，$\chi^2＝u^2$ 得到验证。

（4）调用"CHIDIST"对话框依次输入 G4 和自由度 1 算得右尾概率"0.5524"。因高于 5% 的小概率标准，未达到显著水平，故推断本例仔猪公母比符合雌雄配子分离 1：1 的理论比例。

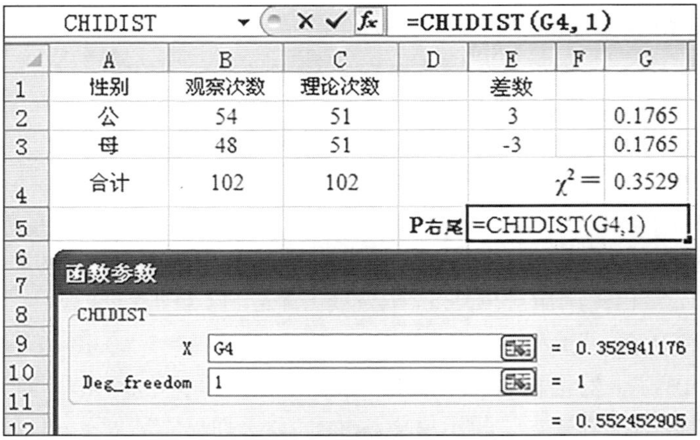

图 15-3 统计次数适合性检验过程与结果

❖ **本例适合性检验的原理归纳如下：**

（1）H₀：_____

（2）$\chi^2 = \sum\limits_{i=1}^{2} \dfrac{(O-E)^2}{E} =$ _____，$\nu =$ _____

（3）$P(\chi^2 \geqslant$ _____$) = 0.5525$

（4）推断：∵_____ ∴接受 H₀

❖ **在无电脑计算概率的情况下，本例适合性检验的步骤为：**

（1）H₀：_____

（2）$\chi^2 = \sum\limits_{i=1}^{2} \dfrac{(O-E)^2}{E} =$ _____

（3）按自由度 $\nu =$ _____，查附表得 $\chi^2_{0.05} = 3.84$

（4）推断：$\because$ _____ $\therefore$ 接受 H_0

[例 15 - 3] 对甲乙两县乳牛传染病进行普查的结果如表 15 - 1（贵州农学院，1993）。①用二项资料百分数的 u 检验甲乙两县乳牛的患病率有无显著差异；②就两县各自总的患病情况进行次数资料的 χ^2 检验（2×2 独立性检验），检验两地乳牛的患病占比是否与甲乙两县地点不同有关，并注意 χ^2 值和①的 u 值有何关系；③用 2×3 独立性检验三种乳牛传染病的构成比是否与甲乙两县地点不同有关。

表 15 - 1 不同地域乳牛传染病普查结果

地区	调查数量（头）	患病数量（头）	传染病		
			结核病	布鲁氏菌病	口蹄疫
甲县	1105	115	70	25	20
乙县	1805	150	50	79	21

【"A1"型 Excel 表格中 u 检验操作步骤】

（1）如图 15 - 4 所示，在 Excel 表格 C 列依次输入两县各自的患病数量（头）115、150，D 列依次输入两县各自调查的总数量（头）1105、1805，在 B2：B3 值域依次算出健康数量（头）990、1655，用自动求和按钮快速算出纵向合计值 2645、265 和 2910。

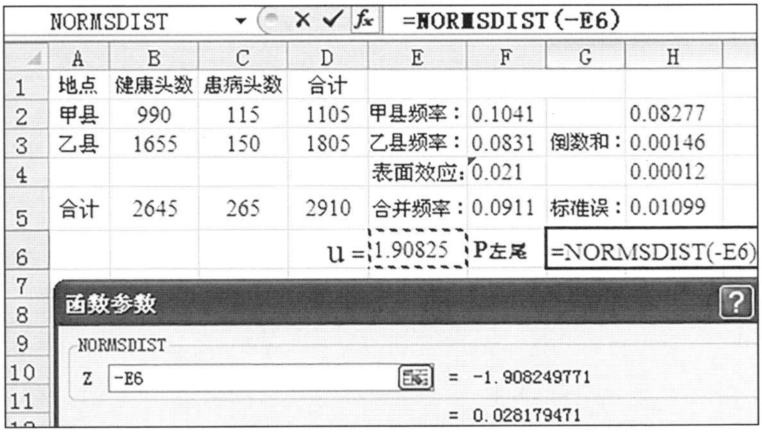

图 15 - 4 两个样本频率 u 检验过程与结果

（2）选定空单元格 F2，编算式"＝C2/D2"算出甲县患病率"0.1041"。往下拖拽至 F3，算出乙县患病率"0.0831"。选定 F4，编算式"＝F2－F3"算出表面效应"0.021"。

（3）选定 F5，编算式"＝C5/D5"算得合并频率"0.0911"，即两县汇总的患病率。

(4) 选定 H2，编算式"＝F5 ∗（1－F5）"算得乘积即合并方差 $S_e^2 =$ "0.08277"。选定 H3，编算式"＝1/D2＋1/D3"算得两地调查数量的倒数和"0.00146"。选定 H4，编算式"＝H2 ∗ H3"算得乘积"0.00012"。

(5) 调用"SQRT"对话框输入 H4 算得标准误 $S_{\hat{p}_1-\hat{p}_2} =$ "0.011"。

(6) 选定 E6，编算式"＝F4/H5"计算出 $t =$ "1.908"（为什么图 15－4 中可以把这个 t 写成 u 值?）；然后调用"NORMSDIST"，对话框输入－E6，如图 15－4 所示。算得左尾概率"0.0282"，即两尾概率为 0.564，因高于 5％的小概率标准，未达到显著水平，于是推断甲乙两县乳牛的患病率无显著差异。

❖ **本例两尾检验的原理归纳如下：**

(1) H_0：＿＿＿＿＿＿＿＿＿＿

(2) $S_e^2 =$ ＿＿＿＿＿＿，$S_{\hat{p}_1-\hat{p}_2} =$ ＿＿＿＿＿＿，$\nu =$ ＿＿＿＿＿＿

(3) $P（|t| \geqslant 1.91）＝P（t \leqslant$ ＿＿＿＿＿$）＋P（t \geqslant \underline{1.91}）＝0.0564$

(4) 推断：∵＿＿＿＿＿＿ ∴接受 H_0

❖ **在无电脑计算概率的情况下，本例两尾检验的步骤为：**

(1) H_0：＿＿＿＿＿＿＿＿＿＿

(2) ∵$S_e^2 =$ ＿＿＿＿＿＿，$S_{\hat{p}_1-\hat{p}_2} =$ ＿＿＿＿＿＿ ∴$t = \dfrac{\hat{p}_1 - \hat{p}_2}{S_{\hat{p}_1-\hat{p}_2}} =$ ＿＿＿＿＿＿

(3) 按自由度 $\nu =$ ＿＿＿＿＿＿，查附表得两尾 $t_{0.05} = 1.96$

(4) 推断：∵＿＿＿＿＿＿ ∴接受 H_0

【"A1"型 Excel 表格中独立性测验操作步骤】

(1) 沿用图 15－4 中完成的两向表，如图 15－5 中的值域 B2：D5 所示。

(2) 选定空单元格 F1，编算式"＝＄D2 ∗ B＄4/＄D＄4"算得理论次数"1004.4"，再往右、往下拖拽可得到另外 3 个理论次数。

(3) 选定 F3：G4 的 4 个空单元格块，按"＝"后选定 B2：C3 单元格块中的观察次数，再按"－"后选定 F1：G2 单元格块的理论次数，同时按下 Ctrl、Shift 和 Enter 3 个键实现组合键回车，得到 4 个差数数据。

(4) 选定 I1：J2，编算式"＝F3：G4 ∗ F3：G4/F1：G2"，使用 Ctrl＋Shift＋Enter 完成块操作，得到差数平方后与对应理论次数的比值。

(5) 用自动求和按钮快速合计出 χ^2 值"3.6413"于 K3 单元格，$\chi^2 = u^2$ 得到验证。

(6) 调用函数"CHIDIST"，对话框依次输入 K3 和自由度 1，算得右尾概率"0.0564"。和图 15－4 殊途同归，因高于 5％的小概率标准，未达到显著水平，推断本例乳牛传染病占比与地点无关，或者说甲乙两县乳牛传染病占

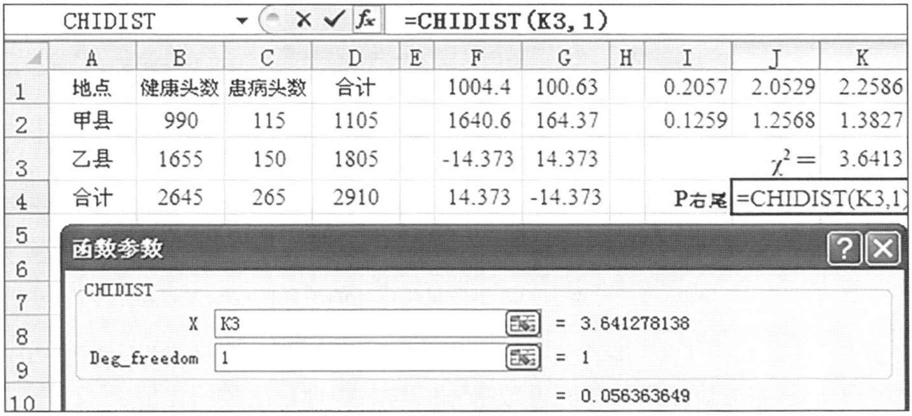

图 15-5　两地患病构成比的独立性检验过程与结果

比没有本质差别。

❖ **本例 2×2 独立性检验的原理归纳如下：**

（1）H_0：＿＿＿＿＿＿＿＿＿

（2）$\chi^2 = \sum\limits_{i=1}^{4} \dfrac{(O-E)^2}{E} = $＿＿＿＿＿，$\nu = $＿＿＿＿＿

（3）$P\left(\chi^2 \geqslant \text{＿＿＿＿}\right) = 0.0564$

（4）推断：$\because$＿＿＿＿＿＿　$\therefore$接受 H_0

❖ **在无电脑计算概率的情况下，本例独立性检验的步骤为：**

（1）H_0：＿＿＿＿＿＿＿＿＿

（2）$\chi^2 = \sum\limits_{i=1}^{4} \dfrac{(O-E)^2}{E} = $＿＿＿＿＿

（3）按自由度 $\nu = $＿＿＿＿＿，查附表得 $\chi^2_{0.05} = 3.84$

（4）推断：$\because$＿＿＿＿＿＿　$\therefore$接受 H_0

【WPS 表格中 2×3 独立性检验的块操作步骤】

（1）如图 15-6 所示，在 WPS 表格 B 列依次输入 70、50，C 列输入 25、79，D 列输入 20、21，使用自动求和按钮快速算出该三向表的横向、纵向合计及全部数据总和。

（2）选定空单元格 G2，编算式"＝$E2 * B$4/$E$4"算得理论次数"52.08"，再往右、往下拖拽可得到另外 5 个理论次数。

（3）选定 K2：M3 的 6 个空单元格块，按"＝"后选定 B2：D3 单元格块中的观察次数，再按"－"选定 G2：I3 单元格块的理论次数，同时按下 Ctrl、Shift 和 Enter 3 个键实现组合键回车，得到 6 个差数数据。

	A	B	C	D	E	F	G	H	I	J	K	L	M	N	O	P	Q
	地点	结核	布氏杆菌	口蹄疫	合计		理论次数				差数数据				差数平方后与对应理论次数的比值		
1	地点	结核	布氏杆菌	口蹄疫	合计		理论次数				差数数据				差数平方后与对应理论次数的比值		
2	甲县	70	25	20	115		52.08	45.13	17.79		17.92	-20.13	2.21		6.17	8.98	0.27
3	乙县	50	79	21	150		67.92	58.87	23.21		-17.92	20.13	-2.21		4.73	6.88	0.21
4	合计	120	104	41	265										χ^2值=		27.25
5															P右尾概率=		1.21055E-06
6															临界值		5.99

图 15-6 两地患三种疾病的乳牛数量构成比的独立性检验过程与结果

（4）选定 O2：Q3，编算式"＝K2：M3＊K2：M3/G2：I3"，使用 Ctrl＋Shift＋Enter 完成块操作，得到差数平方后与对应理论次数的比值。

（5）选定 P4，调用函数"SUM"算出 O2：Q3 的合计"27.25"即 χ^2 值，再选定 P5，调用函数"CHIDIST"算得 χ^2 值为"27.25"、自由度为"2"的右尾概率"$1.21×10^{-6}$"；因远低于 5％的小概率标准，达到显著水平，推断本例乳牛传染病类型构成比与地点有关，或者说甲乙两县三种乳牛传染病构成比有本质差别。

也可以选定 P6，调用函数"CHIINV"算得概率为"0.05"、自由度为"2"的临界值"5.99"后作出同样的推断。

本例第③小题可按照例 15-1 的方法在 Excel 中完成，即将表 15-1"其中"栏目下的两地患三种疾病的乳牛数量（头）替换上述例 15-1 中 3 个奶牛场高产奶牛、低产奶牛"A1：B3"的次数数据（图 15-1），得到例 15-3 的 $2×3$ 独立性检验 χ^2 值"27.25"。

三、作业与思考

1. 单个样本百分数资料的 u 检验对样本容量 n 有何要求？为什么两个样本百分数的 t 检验能够用合并百分数计算出来的标准误？

2. 为什么要矫正 χ^2 值？本实训的 χ^2 值为什么都可以不矫正？

3. 为什么 χ^2 检验时是右尾检验？验证 $\chi^2＝u^2$ 需要什么条件？

4. 除使用数据分析软件包加载分析工具之外，"编算式、用函数、块操作"是 Excel 提高运算效率的三条捷径，试举例说明。

5. 根据图 15-5 的显著性检验过程，完成下列单选题：

（1）图 15-7 中横坐标刻度的括号内应该填写的分位数是（　　　）

A. 0.05　　　　　　B. 3.64　　　　　　C. 0.0564　　　　　D. 3.84

（2）图 15-7 中阴影部分的面积应该称为（　　　）

A. 右尾概率　　　B. 显著水平　　　C. 累积概率　　　　D. 一尾概率

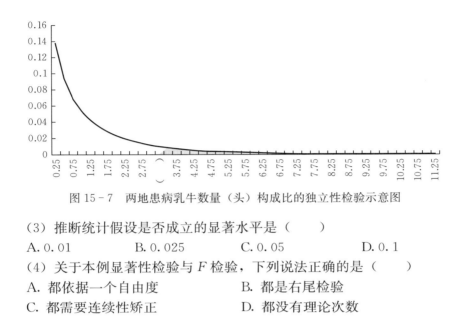

图 15-7 两地患病乳牛数量（头）构成比的独立性检验示意图

（3）推断统计假设是否成立的显著水平是（ ）

A. 0.01　　　　　　B. 0.025　　　　　　C. 0.05　　　　　　　D. 0.1

（4）关于本例显著性检验与 F 检验，下列说法正确的是（ ）

A. 都依据一个自由度　　　　　B. 都是右尾检验

C. 都需要连续性矫正　　　　　D. 都没有理论次数

实训 16　基于统计量进行参数的区间估计

一、实训内容

利用原湖南洞庭水殖股份有限公司白鹤山淡水鱼种苗基地实地测绘的景观山体带等高线的地形图资料，在比例尺为 1：200 的地形图上读取背景网格线被山脚线切割出来的带状地形投影长度及其被等高线切分的段数，观测结果按勾股定理换算出带状地形的面积，然后采用同一切分方向带状地形求积分的方法，借助 WPS 或 Excel 电子表格汇总出不规则地形表面积，并就这一统计量的 4 个重复测算值按参数的区间估计方法确定不规则地形表面积真值所在的范围，为园林绿化工程预算提供依据。

二、实地测量绘制出平面图并读取数据

1. 用计算机绘制平面图

首先对景观山体山脚的控制点进行平面测量，以获得相应的数据，在有类似计算纸网格线背景的软件绘图窗口上以 1：200 的比例尺准确绘出山脚线。然后根据相对较高的突出高程点的平面位置和相对高程，依据山体设计图的地形地势，按实地垂直高差 1 m 的惯例用绘图笔或者鼠标绘制等高线，获得类似图 16 - 1 所示的地形图电子文档。

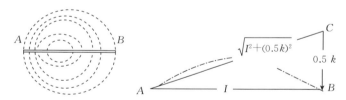

图 16 - 1　依据 1：200 的等高线地形图测算山体表面积过程示意图

2. 根据投影面积读取数据，计算平行切分出来的带状地形面积

上述等高线图在间距 1 cm 的平行网格线背景上，被自然切分成一系列如同图 16 - 1 中左侧 AB 平行双线段围成的带状地形投影，读取每个平行双线段被山脚等高线切割出来的长度 I，以及该平行双线段被等高线切割出来的段数 k，录入表 16 - 1。每个带状地形的面积就由该带状地形的宽度，乘以图 16 - 1 右侧示意图中 A 点到 B 点的弯曲点划线长度得到。由于宽度的数据就是平行双线段的间距 1 cm，已视为单位长度，带状地形的长度数据就是面积数据。

但该长度数据是 A 点到 B 点的弯曲点划线长度，显然无法直接测量，根据图 16-1 右侧的示意图判断，直角三角形 ACB 中 AC 斜边的长度必然最接近该弯曲点划线拉直后的长度，所以，由带状地形的投影长度 I 和段数 k 按勾股定理计算带状地形的面积。

表 16-1　不同方向切分后平行双线段的长度及其段数观测结果（cm）

切分第一方向						切分第二方向				切分第三方向						切分第四方向			
I	k	I	k	I	k	I	k	I	k	I	k	I	k	I	k	I	k	I	k
7.5	1	21.0	16	21.7	13	5.0	1	32.3	17	7.0	1	20.0	11	21.9	11	7.6	1	36.7	15
9.4	1	21.4	17	21.6	13	19.3	1	31.7	17	12.2	2	19.6	13	21.4	11	3.0	1	37.2	17
10.9	3	22.0	17	21.8	11	22.7	1	30.8	17	14.3	3	19.6	15	20.6	9	11.0	1	38.0	19
12.4	3	22.6	17	21.0	10	24.5	5	29.7	17	16.0	5	19.6	15	19.6	8	7.6	1	38.8	19
13.6	5	23.6	17	20.2	7	25.0	5	28.4	17	17.5	7	19.1	17	18.1	7	14.0	1	38.8	17
14.8	6	24.7	16	19.3	5	25.3	7	27.0	12	18.9	9	19.6	17	16.8	7	27.3	3	38.8	17
16.0	7	25.7	15	18.2	5	25.6	7	24.7	5	19.5	11	20.2	17	15.6	5	29.0	4	38.6	17
17.4	7	26.3	13	16.8	3	26.2	9	21.8	3	20.4	13	21.6	17	14.2	5	30.5	7	37.5	16
18.3	9	23.5	12	15.3	3	29.0	9	19.7	3	20.9	13	21.6	17	13.3	5	31.5	7	34.5	12
19.0	11	26.9	12	13.3	1	31.7	11	18.0	3	21.3	15	22.6	15	9.8	3	32.7	9	31.6	9
19.4	11	26.5	9	10.9	1	33.4	11	16.0	1	21.1	15	22.7	13	7.6	2	33.6	9	21.3	5
20.0	13	25.1	11	6.3	1	33.8	13	13.3	4	21.0	15	22.3	13	5.0	1	34.5	10	17.9	3
20.5	15	23.0	12			33.8	13	11.3	2	20.5	10					36.0	11	12.0	1
						33.6	15	8.2	1										
						32.9	17	3.7	1										
x	（			）		（			）	（				）		（			）
y	（			）		（			）	（				）		（			）

注：表中最后 2 行对应 x 和 y 的（　）内分别填写投影面积和表面积。

3. 按四个不同方向平行切分地形图，读取并记录 I 和 k 的观测结果

将上述等高线图电子文档，相对于网格线背景旋转出另外三个不同方向，每两个方向大致错开 45°角。每个不同方向重复上述平行切分出一系列带状地形的过程，即在网格线背景上读取被山脚线切割出来的带状地形投影——平行双线段长度 I（cm），并计数这些平行双线段被等高线切割下来的段数 k。如此观测总共重复了四个方向，分别记录到表 16-1 中，构成对同一山体表面积进行测算的四次重复观测数据。详情参考万海清等（2004）。

三、积算山体地形图表面积并进行区间估计

将表 16 - 1 中任一方向平行线段的长度 I 及其段数 k 各占 1 列输入 Excel 或者 WPS 电子表格，由于图 16 - 1 中段数 k 前面的系数 0.5 是按实际垂直高度差 1 m 按比例尺换算图面高差（cm），先编算式"$I \times I + k \times k \times 0.25$"，后调用函数"SQRT"按勾股定理——计算带状地形的长度 L（单位宽度时该数据就是面积值：cm^2），最后累加（类似于求积分），得到景观山体的地形图图表面积 y。

【"A1"型 Excel 表格中的操作步骤举例】

（1）从【开始】按钮选择"程序"菜单经 Microsoft office 或桌面快捷方式打开 Excel 界面，进入空白工作表。

（2）选择"文件"菜单中的"另存为"命令，利用对话框选定目标磁盘和文件夹，建立名为"（姓名）.xls"的文件，用鼠标器单击命令按钮"保存"。

（3）将表 16 - 1"切分第 1 方向"共 38 对长度 I 及其段数 k 的原始数据依次分别输入 A、B 两列，即该方向 38 个长度 I 的数据 7.5、9.4、10.9、…、6.3 输入 A 列之第 2～39 个单元格，38 个段数 k 的数据 1、1、3、…、1 输入 B 列之第 2～39 个单元格，如图 16 - 2 所示，注意每一个长度 I 及其段数 k 的对应关系都蕴含某一个特定带状地形的信息，不能改变！

（4）选定空单元格 C2，按下"＝"键后利用第 1 对 I 及其段数 k 的数据 7.5、1 所在的单元格地址编辑算式"＝A2 * A2＋B2 * B2 * 0.25"，然后用鼠标点击"fx"左侧"√"得"56.5"。

（5）选定空单元格 D2 作为存放"切分第一方向"第一个带状地形表面积计算结果，点开"fx"，从"数学与三角函数"类别中选择函数"SQRT"，确定后点击单元格 C2（即输入单元格地址！），再回车或用鼠标点击"√"算出微分长方形的长度 $L =$"7.5166"，也就是单位宽度时第一个带状地形表面积值。

（6）选定单元格 C2，将光标移至右下角，待空心符号变成"＋"时按住鼠标往下拖拽，依次得出该列其他 37 个单元格的计算结果。然后选定单元格 D2，再来一遍按住鼠标往下拖拽的操作过程，则"切分第一方向"所有 38 个带状地形表面积计算结果将一一显示，如图 16 - 2 所示，隐藏了 6～35 行。

（7）选定空单元格 O30，点开"fx"，从"数学与三角函数"类别中选择函数"SUM"，确定后对话框输入单元格地址范围 D2：D39 即累计求和范围，确认无误再回车或用鼠标点击"√"即算得按切分第一方向的数据积算的第一个可能的表面积 $y_1 =$"741.72"，单位 cm^2，如图 16 - 3 所示，隐藏了 3～26 行。

SQRT | =SQRT(C2)

	A	B	C	D
1	I	k		L
2	7.5	1	56.5	=SQRT(C2)
3	9.4	1	88.61	9.4133
4	10.9	3	121.06	11.0027
5	12.4	3	156.01	12.4904
6	13.6	5	191.21	13.8279
7	14.8	6	228.04	15.1010
8	16	7	268.25	16.3783
9	17.4	7	315.01	17.7485
36	15.3	3	236.34	15.3734
37	13.3	1	177.14	13.3094
38	10.9	1	119.06	10.9115
39	6.3	1	39.94	6.3198

函数参数

SQRT
Number　C2　＝ 56.5
＝ 7.516648189
返回数值的平方根
Number　要对其求平方根的数值
计算结果 ＝ 7.5166
有关该函数的帮助(H)　　　确定

图 16-2　测算平行切分的带状地形表面积的操作过程

O39 | =G34+2.35*G35

	A	B	C	D	E	F	G	H	I	J	K	L	M	N	O	P
1	I	k		L	I	k		L	I	k		L	I	k		L
2	7.5	1	56.5	7.5166	5	1	25.25	5.0249	7	1	49.25	7.0178	7.6	1	58.01	7.6164
27	23	12	565	23.7697	16	7	268.3	16.3783	22.7	13	557.5	23.6123	12		144.3	12.0104
28	21.7	13	513.1	22.6526	13.3	4	180.9	13.4495	22.3	13	539.5	23.2280				
29	21.6	13	508.8	22.5568	11.3	2	128.7	11.3442	21.9	11	509.9	22.5801		x		y
30	21.8	11	505.5	22.4831	8.2	1	67.49	8.2152	21.4	11	488.2	22.0955		718		741.72
31	21	10	466	21.5870	3.7	1	13.94	3.7336	20.6	7	444.6	21.0858		718		733.63
32	20.2	7	420.3	20.5010					19.6	8	400.2	20.0040		717		745.38
33	19.3	5	378.7	19.4612				y	18.1	7	339.9	18.4353		720		730.40
34	18.2	5	337.5	18.3709	平均		737.78		16.8	5	294.5	17.1607				
35	16.8	3	284.5	16.8668	标准误差		3.4760		15.6	5	249.6	15.7991				
36	15.3	3	236.3	15.3734	中位数		737.6719		14.2	5	207.8	14.4184	区间下限:		729.6 cm²	
37	13.3	1	177.1	13.3094	众数		#N/A		13.3	5	183.1	13.5329	表面积(m²)		2918.4458	
38	10.9	1	119.1	10.9115	标准差		6.9520		11.8	5	141.5	11.8950				
39	6.3	1	39.94	6.3198	求和		2951.1201		9.8	1	98.29	9.9141	区间上限:		745.9 cm²	
40					观测数		4		7.6	2	58.76	7.6655	表面积(m²)		2983.7944	
41									5	1	25.25	5.0249				

图 16-3　四个平行切分方向的山体表面积积算和区间估计的操作过程

（8）继续在 E2：F31、I2：J41、M2：N27 输入表 16-1 其他三个方向长度 I 及其段数 k 的数据，每个方向重复上述（3）（4）（5）（6）（7）的操作过程，积算出山体地形图另三个可能的表面积值，即图 16-3 中 O31 单元格的 $y_2=$ "733.63"，O32 单元格的 $y_3=$ "745.38"，O33 单元格的 $y_4=$ "730.40"。

（9）同理，利用 A、E、I、M 列带状地形投影长度 I 的数据重复上述步骤（7）和（8）的过程，可算得同一平行切分方向山体投影面积 x 的可能值，单位 cm²。四个切分方向依次显示在 N30、N31、N32、N33 单元格，方便判断山体表面积和投影面积差异大小。

（10）返回数据页面，进入"数据分析"对话框，选定"描述统计"，点开后输入 O29：O33 值域，选定 F3 为输出区域起点单元格，勾选标志值位于第一行，点击"确定"后选定 F39：G44 值域点右键以"下方单元格上移方式"删除。

（11）由于是为工程预算即人工铺种草皮提供依据，查学生氏 t 值表时可取一尾 $t_{0.05}=2.35$ 进行区间估计，即 $(\bar{y}-2.35\,s_{\bar{y}},\ \bar{y}+2.35\,s_{\bar{y}})$。于是选定 O36 单元格，编算式"＝G34－2.35＊G35"得到依据地形图数据算得的区间下限值"729.6"（cm^2），按比例尺 1：200，1 cm^2 就是实地面积 4 m^2，换算出山体实地表面积 2918.4458（m^2）；再选定 O39 单元格，编算式"＝G34＋2.35＊G35"得到依据地形图数据算得的区间上限值"745.9"（cm^2），按比例尺换算就是山体实地表面积 2983.7944（m^2）。

四、作业与思考

1. 试就景观山体表面积和投影面积的各四个测算值分别计算变异系数，并阐明观察值、随机变量及统计量的含义。

*2. 使用 Excel 函数"TINV"确定本实训估计山体表面积区间点时两尾概率为 0.10 的双侧分位数；将表 16－1 景观山体地形图图表面积的四个求算结果根据绘图比例尺换算成景观山体实地表面积后，对其真值进行区间估计，并检验 H_0：$\mu_0=3000\ m^2$。

实训 17　直线回归与协方差分析

一、实训内容

将试验控制手段难以奏效的因素（试验条件）作为协变量予以观察记载，借助 WPS 或 Excel 电子表格平台，利用协方差分析技术将试验结果矫正到协变量取值的平均水平上进行比较，使这一方差分析受到局限的场合仍然能够在贯彻单一差异原则的基础上进行同样严谨的统计分析。要求把握直线回归分析作为协方差分析的首要步骤，判断是否有必要进行统计控制。

二、经典试验设计的基本原理

经典试验设计方法的原理应该说随机区组法体现得最为典型。一个成功的试验设计：一方面需要设重复，使每个处理都得到两个或者更多的观察值，通过计求平均数时出现正负相抵的过程降低偶然误差；另一方面遇到不能像边际效应那样通过设置保护行就可消除的系统误差（即系统因素效应）时，实施局部控制将其转化成区组效应，使之能够明确、定量地分析出来，进而把它和试验因素效应一起合称"可控因素效应"。最后使得实际研究中所讲的"试验误差"仅剩下偶然误差，故又称其为剩余误差。即：

$$试验误差\begin{cases}系统误差\begin{cases}系统因素效应\to转化成区组效应（归并到可控因素效应中）\\边际效应\to设保护行或计产面积消除掉\end{cases}\\偶然误差\to"剩余误差"\to转化成随机变量\end{cases}$$

这一点，反映到试验方案设计时，就是将不可能整齐划一的试验条件，如以下例 17-1 的整块"狭长缓坡地"由坡上往坡下必然存在的肥力梯度一样，按与肥力梯度变化线垂直的方向，从坡上往坡下依次等距离划分出 3 块更窄的条状坡地，即构造 3 个区组，这就是局部控制。由于区组比试验区小得多，只是其重复次数 $n=3$ 的 1/3，试验地或试验材料等条件容易一致，故同一区组安排所有处理时，更容易实现单一差异。

再按与区组长边垂直的方向将每个条状坡地等距离划分出 10 个试验小区，以便将 A、B、C、D、E、F、G、H、I、J 共 10 个试验处理各安排一次，共安排 3 次，这就是重复。这样一来，由坡上往坡下的肥力差别即系统因素效应就由 3 个区组之间的试验指标差异（区组效应）定量分析出来，不再属于试验误差，或者说实施局部控制后能影响试验数据的就只有区组内的偶然误差，对试验误差的研究也就单纯指对偶然误差的概率分布进行研究了。

只是对偶然误差的概率分布研究仍然只能依据误差理论来进行，因此接下来要解决的问题就是要通过随机排列将它转化为随机变量。也就是说，偶然误差既然可以理解为同一区组的所有小区安排同一处理时的试验指标差异，那么，同一区组每一个小区安排哪一个处理时如果都能通过随机排列来实现，偶然误差就必然成为随机变量。所以，偶然误差不是天然的随机变量，只有随机排列能将偶然误差转换成随机变量。因此，偶然误差称为"随机误差"不是无条件的！

综上所述，随机区组法设计在应用局部控制、重复、随机排列的三大设计原则时，从控制和分析试验误差的角度可以作如下归纳：①试验误差本来有系统误差和偶然误差两类，局部控制结合重复将系统因素效应变为区组效应，使试验误差只剩下偶然误差；②重复是偶然误差能以抽样误差的形式转换成标准化变量进行分析（即描述其概率分布，计算获得某个抽样误差绝对值的一尾或两尾概率！）的必要条件；③随机排列是偶然误差能以抽样误差的形式转换成标准化变量进行分析的充分条件。

结合随机区组设计掌握了试验设计的上述原理，就可以对其他经典试验设计的方法如前述完全随机设计、裂区设计、拉丁方设计、系统分组设计、交叉设计等举一反三了。

三、试验资料及上机操作

[例 17-1] 有 A、B、C、D、E、F、G、H、I、J 共 10 种不同溶液按其各自要求的时间和浓度进行大豆浸种的试验研究，每种溶液所浸泡的种子均为等量（70 粒籽）的 3 份，作为各处理的 3 次重复，点播于试验小区（长 1.5 m，宽 1.0 m）。该试验地为一块狭长塝地，由西往东为一缓坡，存在肥力梯度，南北长 14 m，东西宽 5 m（万海清，1999）。试予设计并分析其试验结果。

I	6.5 J 17	6.5 E 20	6.8 I 15	7.3 D 12	10.8 G 19	8.0 B 19	10.5 H 20	10.1 F 22	8.0 C 14	9.7 A 25	肥力梯度线
II	13.0 B 21	17.5 F 23	13.3 J 24	18.4 H 22	16.5 C 28	16.0 A 20	17.2 D 24	14.0 I 23	18.8 G 26	15.5 E 21	
III	15.0 A 26	19.5 C 30	20.6 D 29	14.3 E 29	23.2 G 37	14.8 F 29	15.5 I 29	15.4 J 26	20.5 H 26	16.4 B 27	

图 17-1　大豆小区试验的田间排列

例 17-1 的方案实施后，以各试验小区籽粒产量（单位：10 g）为试验指标，观察记载结果如图 17-1。考虑到每个小区结荚株数只占小区总株数的一部分，且各小区结荚株数不同会给试验结果带来一定的影响，在称量各小区籽粒产量 y 的同时，对其结荚株数 x（协变量）一并予以记载，试完成协方差分析。

【Excel 表格中随机区组试验数据的协方差分析操作步骤】

（1）如图 17-2 所示，将图 17-1 中每个小区结荚株数 x 整理到 B2：D11 值域，各试验小区籽粒产量 y 整理到 I2：K11 值域；参照随机区组试验数据的整理方法将 x 的观测值分别按不同的处理和不同的区组算出合计值于 E2：E11 值域和 B12：D12 值域，其总和 "701" 合计在 E12 单元格；将 y 的观测值分别按不同的处理和不同的区组算出合计值于 L2：L11 值域和 I12：K12 值域，其总和 "419.6" 合计在 L12 单元格。

（2）选定 F2 空单元格，调用函数 "AVERAGE"，对话框选定 B2：D2 值域，算出第一个平均值 "23.67" 后往下拖拽至 E11，得到各处理结荚株数的平均值；再选定 G2 空单元格，调用函数 "AVERAGE"，对话框选定 I2：K2 值域，算出第一个平均值 "13.57" 后往下拖拽至 G11，得到各处理籽粒产量的平均值。

（3）选定 D14 空单元格，调用函数 "AVERAGE"，对话框选定 B2：D11 值域，算出结荚株数 x 的全试验平均数 "23.3667"；选定 F14 空单元格，编算式 "＝E12＊E12/30"，算出 x 的全试验矫正数 $C_x＝$ "16380"；再选定 H14 空单元格，编算式 "＝E12＊L12/30"，算出双变量乘积和的矫正数 $C_{xy}＝$ "9804.6533"；继续选定 K14 空单元格，编算式 "＝L12＊L12/30"，算出 y 的全试验矫正数 $C_y＝$ "5868.8053"。

（4）选定 F15 空单元格，调用函数 "SUMPRODUCT"，对话框两行分别输入 B2：D11、I2：K11 值域，算出全试验数据乘积和 "10378"；再选定 H15 空单元格，调用函数 "SUMPRODUCT"，对话框两行分别输入 E2：E11、L2：L11 值域，算出各处理合计值的乘积和 "29572"；继续选定 K15 空单元格，调用函数 "SUMPRODUCT"，对话框两行分别输入 B12：D12、I12：K12 值域，算出各区组合计值的乘积和 "102682.2"。

（5）选定 A17：J22 的空单元格块作为协方差分析表的值域，如图 17-2 所示，首行首列填写随机区组试验数据模式协方差分析表中的文本标志。选定 C22 单元格，调用插入函数 "DEVSQ"，全选 B2：D11 的 30 个结荚株数 x 的数据可算得 $SS_x＝$ "816.97"，并在 B22 单元格填入总自由度 "29"；选定 E22 单元格，调用插入函数 "DEVSQ"，全选 I2：K11 的 30 个籽粒产量 y 的数据可算得 $SS_y＝$ "628.69"；再选定单元格 D22，编算式 "＝F15－H14"，算出离均差的乘积和总量 $SP_T＝$ "573.45"。

（6）选定 C21 单元格，调用插入函数 "DEVSQ"，全选 B12：D12，确认

	H2		▼	⊙	*f*x	=G2-$L$22*(F2-$D$14)					
▲	A	B	C	D	E	F	G	H	I	J	K	L
1	处理	结荚株数 *x*			合计	$\overline{x}_t$	$\overline{y}_t$	$\overline{y}'_t$	籽粒产量 *y*			合计
2	A	25	20	26	71	23.67	13.57	13.49	9.7	16	15	40.7
3	B	19	21	27	67	22.33	12.47	12.74	8	13	16.4	37.4
4	C	14	28	30	72	24.00	14.67	14.50	8	16.5	19.5	44
5	D	12	24	29	65	21.67	15.03	15.49	7.3	17.2	20.6	45.1
6	E	20	21	26	67	22.33	12.10	12.38	6.5	15.5	14.3	36.3
7	F	22	23	28	73	24.33	14.13	13.88	10.1	17.5	14.8	42.4
8	G	19	26	37	82	27.33	17.60	16.54	10.8	18.8	23.2	52.8
9	H	20	22	26	68	22.67	16.47	16.65	10.5	18.4	20.5	49.4
10	I	15	23	29	67	22.33	12.10	12.38	6.8	14	15.5	36.3
11	J	17	24	28	69	23.00	11.73	11.83	6.5	13.3	15.4	35.2
12	合计	183	232	286	701				84.2	160.2	175.2	419.6
13						15.26	*F* = 8.3757					
14	全试验平均数、矫正数		23.3667		C_X = 16380		C_{XY} = 9804.6533			C_Y = 5868.8053		
15	函数 "SUMPRODUCT" 算乘积和					10378		29572			102682.2	
16	大豆籽粒产量与结荚株数的协方差分析											
17	SOV	DF	SSx	SP	SSy	SSy'	DF'	MS	F	F$_{0.01}$		0.6680
18	处理t	9	71.63	52.68	106.41	79.46	9	8.83	4.85	3.68		7.9593
19	误差e	18	214.47	57.2	46.22	30.96	17	1.82				1.0371
20	t + e	27	286.1	109.88	152.63	110.43	26			MS_e = 1.8890		
21	区组	2	530.87	463.57	476.07					SE = 0.7935		
22	总	29	816.97	573.45	628.69					b = 0.2667		

图 17 - 2　大豆小区试验结果的协方差分析过程与结果

后再在编辑栏键入"/10"补全算式得到结荚株数平方和的区组分量 SS_{xr} = "530.87"，并在 B21 单元格填入自由度"2"；选定 E21 单元格，调用插入函数"DEVSQ"，全选 I12：K12，确认后再在编辑栏键入"/10"补全算式得到籽粒产量平方和的区组分量 SS_{yr} = "476.07"；再选定 D21 单元格，编算式"=K15/10－H14"，确认后得到离均差乘积和的区组分量 SP_r = "463.57"。

（7）选定 C18 单元格，调用插入函数"DEVSQ"，全选 E2：E11，确认后再在编辑栏键入"/3"补全算式得到结荚株数平方和的处理分量 SS_{xt} = "71.63"，并在 B18 单元格填入自由度"9"；选定 E18 单元格，调用插入函数"DEVSQ"，全选 L2：L11，确认后再在编辑栏键入"/3"补全算式得到籽粒产量平方和的处理分量 SS_{yt} = "106.41"；再选定 D18 单元格，编算式"=H15/3－H14"，确认后得到离均差乘积和的处理分量 SP_t = "52.68"。

（8）选定 B19 单元格，编算式"=B22－B21－B18"，算出误差分量的自由度"18"后连续拖拽至 E19 单元格，得到双变量 *x*、*y* 平方和的误差分量 SS_{xe} = "214.47"、SS_{ye} = "46.22"以及乘积和的误差分量 SP_e = "57.2"；再选定 F19 单元格，编算式"=E19－D19＊D19/C19"，算出修正 SS_{ye} 后的误差分量平方和"30.96"后往下拖拽至 F20 单元格，得到籽粒产量修正后的处理与误差平方和分量合计值"110.43"。

（9）选定空单元格 F13 编算式"＝E19－F19"得到"15.26"，就结荚株数 x 和籽粒产量 y 的关系进行直线回归分析。若直线回归关系不显著，则推断结荚株数 x 作为协变量，和籽粒产量 y 作为因变量没有直线回归关系，只能继续将籽粒产量 y 的观测值按随机区组试验数据模式进行方差分析；再选定单元格 H13 编算式"＝F13/H19"算得 F＝"8.3757"，$P < 0.05$，结论是直线回归关系显著，所以，本例要完成协方差分析的后续步骤。

（10）选定 B20 单元格，编算式"＝B18＋B19"，算出处理与误差合计自由度"27"后继续拖拽至 E20 单元格，得到双变量 x、y 平方和的处理与误差分量合计值"286.1""152.63"，以及乘积和的处理与误差分量合计值"109.88"。

（11）选定 G19 单元格，编算式"＝B19－1"，算出修正 df_{ye} 后的误差分量自由度"17"后往下拖拽至 G20 单元格，得到修正后的处理与误差分量自由度合计值"26"；再选定 F18 单元格，编算式"＝F20－F19"，算出修正 SS_{yt} 后的处理分量平方和"79.46"后往右拖拽至 G18 单元格，得到修正 df_{yt} 后的处理分量自由度"9"。

（12）选定 H18 单元格，编算式"＝F18/G18"，算出处理方差"8.83"后往下拖拽至 H19 单元格，得到误差方差"1.82"；选定 I18 单元格，编算式"＝H18/H19"，算出清除回归效应后显示各处理之间是否有显著差异的 F＝"4.85"。由于 $F_{0.01, 9, 17}$＝3.68，可以推断本例 10 个处理之间存在极显著差异；再选定 L22 单元格，编算式"＝D19/C19"，算出回归系数 b＝"0.2667"；选定 H2 单元格，编算式"＝G2－\$L\$22*（F2－\$D\$14）"，算出 A 处理的平均数"13.49"后往下拖拽至 H11 单元格，得到清除回归效应后各处理的平均数。

选定 L17 单元格，编算式"＝（C18/B18）/（C19/B19）"用协变量的处理方差和误差方差计算方差比值，得到 F＝"0.668"，$P > 0.05$，误差自由度也接近 20，可用 Finney 公式进行多重比较。

（13）选定 L18 单元格，编算式"＝C18/B18"，算得"7.9593"；再选定 L19 单元格，编算式"＝1＋L18/C19"，算得修正系数"1.0371"；继续选定 L20 单元格，编算式"＝H19*L19"，算出用于多重比较的误差方差"1.889"；最后选定 L21 单元格，调用插入函数"SQRT"，对话框键入"L20/3"得到按 Finney 公式计算的标准误 SE＝"0.7935"。

接下来还要做的事情就是根据误差自由度 df_e＝"17"和查得 $SSR_{0.05}$ 或者 $q_{0.05}$ 临界值后算出最小显著极差 $LSR_{0.05}$，对 10 个修正后的处理平均数之间的两两差数按不同的秩次距进行多重比较。可以是 SSR 检验，也可以是 q 检验。就 H2：H11 值域修正后的各处理平均数与未清除回归效应时 G2：G11 值域的平均数来看，不仅数值不相同，从大到小排序的结果也不一样。可见，试验实施后如果又发现有其他影响试验指标的因素，注意观察并采集数据，作为协变量与原设计观察的指标数据合并进行协方差分析，对发现各处理间的真实差异非常重要！

【Excel 表格中双变量协方差分析结果多重比较的操作步骤】

（1）进入 Microsoft Excel 界面，在空白工作表中将图 17－2 中 H2：H11 值域各处理大豆籽粒干重修正后的平均数，显示在图 17－3 所示的 B2：B11 值域，并在 A2：A11 值域依次填写对应的处理字母代号 A～J。

（2）选定 A2：B11，进入"开始"界面页点开"排序和筛选"，确认"自定义排序"菜单后，对话框主要关键字依次下拉选出"（列 B）""数值""降序"后回车。

（3）选定 G2：G10 空单元格块，按下"＝"后选定 B2：B10 值域，再键入"－B11"补全算式，同时敲击"Ctrl＋Shift＋Enter"键，计算出 9 个两两差数。

（4）选定 H2：H9 空单元格块，按下"＝"后选定 B2：B9 值域，再键入"－B10"补全算式，同时敲击"Ctrl＋Shift＋Enter"键，再计算出 8 个两两差数。

（5）选定 I2：I8 空单元格块，按下"＝"后选定 B2：B8 值域，再键入"－B9"补全算式，同时敲击"Ctrl＋Shift＋Enter"键，又计算出 7 个两两差数；此操作过程以下类推，继续 6 遍后直到算出最后一个单元格 O2 的两两差数"0.11"，完成三角梯形表。

（6）将 45 个两两差数的一部分差数显示右框线和下框线，如图 17－3 一样完成阶梯状框线的设置，彰显从指向箭头"→"开始沿阶梯线走向的两两差数属于同一个秩次距的规律。

（7）在 F2：F10 空单元格块降序填入秩次距 2～10，在 D2：D10 空单元格块录入按自由度 $df_e=17$ 查得对应的 $SSR_{0.05}$ 临界值；然后选定 N8 空单元格，按下"＝"后直接选定图 17－2 中 L21 单元格的标准误数值 $SE=$ "0.7935"，再选定 E2：E10 空单元格块，按下"＝"后选定 D2：D10 值域，再键入"＊N8"补全算式，同时敲击"Ctrl＋Shift＋Enter"键，计算出 9 个最小显著极差 $LSR_{0.05}$ 的值。

（8）图 17－3 中将同一级阶梯上的两两差数和 E2：E10 值域中对应的 $LSR_{0.05}$ 值进行比较，如 G10、H9、I8、J7、K6、L5、M4、N3 和 O2 的两两差数，是第一级阶梯，秩次距都是 2，就都和 E10 单元格的 $LSR_{0.05}$ 值比较，都未超过"2.368"，即都未达到显著水平；G9、H8、I7、J6、K5、L4、M3

和 N2 的两两差数，是第二级阶梯，秩次距都是 3，就都和 E9 单元格的 $LSR_{0.05}$ 值比较，都未超过 "2.484"，即都未达到显著水平；G8、H7、I6、J5、K4、L3 和 M2 的两两差数，秩次距都是 4，就都和 E8 单元格的 $LSR_{0.05}$ 值比较，其中，L3 单元格的 "2.67" 超过了 "2.557"，即达到显著水平，将其字体加粗以示区别；此操作过程以下类推，继续 6 遍后直到最高一级阶梯 G2 的两两差数 "4.82" 和 E2 单元格的 $LSR_{0.05}$ 值比较，超过 "2.714" 达到显著水平，字体加粗，完成 SSR 检验的全部比较工作。

	A	B	C	D	E	F	G	H	I	J	K	L	M	N	O
				G2		f_x	{=B2:B10−E11}								
	A	B	C	D	E	F	G	H	I	J	K	L	M	N	O
1	处理	$\bar{y}_t$	5%差异	$SSR_{0.05}$	$LSR_{0.05}$	秩次距	−11.8	−12.4	−12.4	−12.7	−13.5	−13.9	−14.5	−15.5	−16.5
2	H	16.65	a	3.42	2.714	10→	**4.82**	**4.28**	**4.28**	**3.91**	**3.17**	**2.78**	2.16	1.17	0.11
3	G	16.54	a	3.412	2.707	9→	**4.71**	**4.17**	**4.17**	**3.80**	**3.06**	**2.67**	2.04	1.06	
4	D	15.49	ab	3.392	2.692	8→	**3.66**	**3.11**	**3.11**	**2.74**	2.00	1.61	0.99		
5	C	14.50	abc	3.365	2.670	7→	**2.67**	2.12	2.12	1.76	1.01	0.62			
6	F	13.88	bcd	3.331	2.643	6→	2.04	1.50	1.50	1.13	0.39				
7	A	13.49	bcd	3.285	2.607	5→	1.66	1.11	1.11	0.74					
8	B	12.74	cd	3.222	2.557	4→	0.91	0.37	0.37				SE=	0.7935	
9	E	12.38	cd	3.13	2.484	3→	0.54	0.00							
10	I	12.38	cd	2.984	2.368	2→	0.54								
11	J	11.83	d												

图 17-3　随机区组试验协方差分析资料各处理平均数修正后的多重比较过程

（9）在 C2 单元格填写第一个英文小写字母 a，C3 单元格根据 O2 "0.11" 字体未加粗、差异不显著的信息继续标注字母 a，选定 C4 单元格，根据 N2 "1.06" 字体未加粗、差异不显著的信息继续标注字母 a，再选定 C5 单元格，根据 M2 "2.16" 字体未加粗、差异不显著的信息继续标注字母 a，继续选定 C6 单元格，根据 L2 "2.78" 字体已加粗、差异显著的信息改标字母 b；由于出现了不同字母，第一轮字母标注往上反转，看字母 b 能够往上标注多高，C5 单元格根据 L5 "0.62" 字体未加粗、差异不显著的信息加标字母 b，C4 单元格根据 L4 "1.61" 字体未加粗、差异不显著的信息加标字母 b，C3 单元格根据 L3 "2.67" 字体已加粗、差异显著的信息不再加标字母 b，第一轮字母标注结束。

（10）选定 C7 单元格，根据 K4 "2.00" 字体未加粗、差异不显著的信息继续标注字母 b，继续选定 C8 单元格，根据 J4 "2.74" 字体已加粗、差异显著的信息改标字母 c；由于又出现了不同字母，第二轮字母标注往上反转，看字母 c 能够往上标注多高，C7 单元格根据 J7 "0.074" 字体未加粗、差异不显著的信息加标字母 c，C6 单元格根据 J6 "1.13" 字体未加粗、差异不显著的信息继续加标字母 c，C5 单元格根据 J5 "1.76" 字体未加粗、差异不显著的信息继续加标字母 c，C4 单元格根据 J4 "2.74" 字体已加粗、差异显著的信息不再加标字母 c，第二轮字母标注结束。

（11）C9 单元格根据 I5 "2.12" 字体未加粗、差异不显著的信息继续标注字母 c，C10 单元格根据 H5 "2.12" 字体未加粗、差异不显著的信息继续标注字母 c，C10 单元格根据 G5 "2.67" 字体已加粗、差异显著的信息改标字母 d，由于出现了不同字母，第三轮字母标注往上反转，看字母 d 能够往上标注多高，C10 单元格根据 G10 "0.54" 字体未加粗、差异不显著的信息继续加标字母 d，C9 单元格根据 G9 "0.54" 字体未加粗、差异不显著的信息加标字母 d，C8 单元格根据 G8 "0.91" 字体字体未加粗、差异不显著的信息继续加标字母 d，C7 单元格根据 G7 "1.66" 字体未加粗、差异不显著的信息加标字母 d，C6 单元格根据 G6 "2.04" 字体未加粗、差异不显著的信息加标字母 d，C5 单元格根据 G5 单元格 "2.67" 已加粗、差异显著的信息不再加标字母 d，第三轮字母标注结束。

由于 B11 单元格以下再没有未标注字母的平均数，显示 5% 的差异显著性的字母标注工作全部结束。总共按 0.05 显著水平完成标注用了 4 个小写字母，就表明字母标注工作进行了 3 个轮次，全部平均数分为 4 个互不显著群。

表 17-1　使用 SPSS 软件多重比较结果的一种输出格式

处理	n	Subset for alpha＝0.05			
		1	2	3	4
J	3	11.83			
E	3	12.38	12.38		
I	3	12.38	12.38		
B	3	12.74	12.74		
A	3	13.49	13.49	13.49	
F	3	13.88	13.88	13.88	
C	3		14.50	14.50	14.50
D	3			15.49	15.49
G	3				16.54
H	3				16.65
Sig.		（　）	（　）	（　）	（　）

注：末行每个（　）内一定是一个大于 5% 的概率值。

如果本例使用 SPSS 软件做多重比较，就会按 4 列以表 17-1 的格式输出结果。最终的结论就是标注字母的处理 H、G、D、C 可以推断为大豆产量最高。

[**例 17-2**] 研究 3 种不同的饲料 A_1、A_2、A_3 对猪的增重效果，共准备了

24 头初始重量不一样的幼猪安排试验，根据唯一差异原则，本研究方案设计为完全随机试验，试验分组时按体重大小顺序分别编为 01、02、03、…、24号，随机分组实施后的试验结果如表 17 - 2 所示，试予分析（贵州农学院，1993）。

例 17 - 2 是用猪仔研究 3 种不同的饲料 A_1、A_2、A_3 对猪的增重效果，将 24 头幼猪作为试验动物设计成完全随机分组的方案时，如表 17 - 2 所示。以肉猪试验结束后的出栏重量称量结果 y（单位：1000 g）为试验指标，考虑到幼猪的初始重量是决定后阶段生长速度的基础，每个幼猪初始重量不同会给试验结果带来一定的影响，试验前就称量幼猪的初始重量，作为协变量 x 一并予以记载如图 17 - 4 所示，试完成协方差分析。

表 17 - 2　不同饲料对猪增重效果的试验设计的实施结果

	编号		19	21	24	22	23	18	20	16
A_1	始重	x	15	13	11	12	12	16	14	17
	增重	y	85	83	65	76	80	91	84	90
	编号		15	17	13	14	09	08	11	12
A_2	始重	x	17	16	18	18	21	22	19	18
	增重	y	97	90	100	95	103	106	99	94
	编号		07	05	10	06	04	03	02	01
A_3	始重	x	22	24	20	23	25	27	30	32
	增重	y	89	91	83	95	100	102	105	110

【Excel 表格中完全随机试验数据的协方差分析操作步骤】

（1）如图 17 - 4 所示，将表 17 - 2 中每个幼猪的初始重量 x 整理到 A2：C9 值域，试验结束后的出栏重量 y 整理到 H2：J9 值域；参照完全随机试验数据模式的整理方法将 x 的观测值按三个不同的处理算出合计值于 A10：C10值域，其总和"462"合计在 D10 单元格；将 y 的观测值按不同的处理 A_1、A_2、A_3 算出合计值于 H10：J10 值域，其总和"2213"合计在 G10 单元格。

（2）选定 E2 空单元格，调用函数"AVERAGE"，对话框选定 A2：A9值域，算出 A_1 处理 x 的平均值"13.75"，A_2 处理和 A_3 处理 x 的平均值"18.625"和"25.375"用同样的方法算在 E3、E4 空单元格；再选定 F2 空单元格，调用函数"AVERAGE"，对话框选定 H2：H9 值域，算出 A_1 处理 y 的平均值"81.75"，A_2 处理和 A_3 处理 y 的平均值"98"和"96.88"用同样的方法算在 F3、F4 空单元格。

（3）选定 E5 空单元格，调用函数"AVERAGE"，对话框选定 A2：C9值域，算出初始重量 x 的全试验平均数"19.25"；选定 E6 空单元格，编算式

"＝D10＊D10/24"，算出 x 的全试验矫正数 C_x＝"8893.5"；再选定 F6 空单元格，编算式"＝D10＊G10/24"，算出双变量乘积和的矫正数 C_{xy}＝"42600.3"；继续选定 G6 空单元格，编算式"＝G10＊G10/24"，算出 y 的全试验矫正数 C_y＝"204057"。

	G2			f_x	=F2-$G$9*(E2-$E$5)				
	A	B	C	D	E	F	G	H	I	J
1	初始体重x			处理	$\overline{x}_t$	$\overline{y}_t$	$\overline{y}'_t$	出栏增重y		
2	15	17	22	A_1	13.75	81.75	94.96	85	97	89
3	13	16	24	A_2	18.625	98.00	99.50	83	90	91
4	11	18	20	A_3	25.375	96.88	82.17	65	100	83
5	12	18	23	x平均数	19.25			76	95	95
6	12	21	25	矫正数	8893.5	42600.3	204057	80	103	100
7	16	22	27	乘积和	43681	346081		91	106	102
8	14	19	30		1010.76	$F=$	88.813	84	99	105
9	17	18	32		32.668	$b=$	2.402	90	94	110
10	110	149	203	462	← 合 计 →		2213	654	784	775
11	A_1	A_2	A_3					A_1	A_2	A_3
12	肉猪出栏增重与幼猪初始体重的协方差分析									
13	SOV	DF	SSx	SP	SSy	SSy'	DF'	MS	F	$F_{0.01}$
14	处理t	2	545.25	659.88	1317.58	707.22	2	353.61	31.07	5.85
15	误差e	21	175.25	420.88	1238.38	227.61	20	11.38		
16	总	23	720.5	1080.8	2555.96	934.83	22			

图 17-4　三种饲料幼猪增重试验结果的协方差分析过程与结果

（4）选定 E7 空单元格，调用函数"SUMPRODUCT"，对话框两行分别输入 A2：C9、H2：J9 值域，算出全试验数据乘积和"43681"；再选定 H15 空单元格，调用函数"SUMPRODUCT"，对话框两行分别输入 A10：C10、H10：J10 值域，算出各处理合计值的乘积和"346081"。

（5）选定 A12：J16 的空单元格块作为协方差分析表的值域，如图 17-4 A 所示，首行首列填写完全随机试验数据模式协方差分析表中的文本标志。选定 C16 单元格，调用插入函数"DEVSQ"，全选 A2：C9 的 24 个初始重量 x 的数据可算得 SS_x＝"720.5"，并在 B16 单元格填入总自由度"23"；选定 E16 单元格，调用插入函数"DEVSQ"，全选 H2：J9 的 24 个出栏重量 y 的数据可算得 SS_y＝"2555.96"；再选定单元格 D16，编算式"＝E7－F6"，算出离均差的乘积和总量 SP_T＝"1080.8"。

（6）选定 C14 单元格，调用插入函数"DEVSQ"，全选 A10：C10，确认后再在编辑栏键入"/8"补全算式得到初始重量平方和的处理分量 SS_{xt}＝"545.25"，并在 B14 单元格填入自由度"2"；选定 E14 单元格，调用插入函数"DEVSQ"，全选 H10：J10，确认后再在编辑栏键入"/8"补全算式得到出栏重量平方和的处理分量 SS_{yt} = "1317.58"；再选定 D14 单元格，编算式"=F7/8－F6"，确认后得到离均差乘积和的处理分量 SP_t = "659.88"。

（7）选定 B15 单元格，编算式"=B16－B14"，算出误差分量的自由度"21"后连续拖拽至 E15 单元格，得到双变量 x、y 平方和的误差分量 SS_{xe} = "175.25"、SS_{ye} = "1238.38"以及乘积和的误差分量 SP_e = "420.88"；再选定 F15 单元格，编算式"=E15－D15*D15/C15"，算出修正 SS_{ye} 后的误差分量平方和"227.61"后往下拖拽至 F16 单元格，得到出栏重量修正后的处理与误差平方和分量的合计值"934.83"。

（8）选定空单元格 E8 编算式"=E15－F15"得到"1010.76"，就初始重量数 x 和出栏重量 y 的关系进行直线回归分析。若直线回归关系不显著，则推断初始重量 x 作为协变量，和出栏重量 y 作为因变量没有直线回归关系，只能继续将出栏重量 y 的观测值按完全随机试验数据模式进行方差分析；再选定单元格 G8 编算式"=E8/H15"算得 F = "88.813"，P＜0.0，结论是直线回归关系极其显著，所以，本例要完成协方差分析的后续步骤。

（9）选定 G15 单元格，编算式"=B15－1"，算出修正 df_{ye} 后的误差分量自由度"20"后往下拖拽至 G16 单元格，得到修正后的处理与误差分量自由度合计值"22"；再选定 F14 单元格，编算式"=F16－F15"，算出修正 SS_{yt} 后的处理分量平方和"707.22"后往右拖拽至 G14 单元格，得到修正 df_{yt} 后的处理分量自由度"2"。

（10）选定 H14 单元格，编算式"=F14/G14"，算出处理方差"353.61"后往下拖拽至 H15 单元格，得到误差方差"11.38"；选定 I14 单元格，编算式"=H14/H15"，算出清除回归效应后显示各处理之间是否有显著差异的 F = "31.07"。由于 $F_{0.01,2,20}$ = 5.85，可以推断本例 10 个处理之间存在极显著差异；再选定 G9 单元格，编算式"=D15/C15"，算出回归系数 b = "2.402"；选定 G2 单元格，编算式"=F2－\$G\$9*（E2－\$E\$5）"，算出 A_1 处理的平均数"94.96"后往下拖拽至 G3、G4 单元格，得到清除回归效应后 A_2、A_3 处理的平均数"99.5""82.17"。

接下来还要进行多重比较，就 G2：G4 值域修正后的各处理平均数与未清除回归效应时 F2：F4 值域的平均数相比较，不仅数值不相同，从大到小排序的结果也由 A_2、A_3、A_1 调整为 A_2、A_1、A_3。再将协变量的处理方差和误差方差计算方差比，即选定 E9 单元格编算式"=（C14/B14）/（C15/B15）"得到 F = "32.668"，P＜0.01。可见自由度虽然达到了 20，仍不满足用 Finney 公式进行多重比较的两个条件。只有参照盖钧镒（2022）对三个修正后的处理平均数进行三次两两差数的 t 检验。

四、作业与思考

1. 假如本例不考虑协变量对各小区籽粒产量观察值的影响，试一试就图 17-2 中 G2：G11 值域未修正的 10 个处理平均数按单因素随机区组试验数据模式完成多重比较的字母标注工作，看看与图 17-3 进行协方差分析后的多重比较结果有多大区别。

2. 应用 Finney 公式进行协方差分析结果的多重比较时需要具备哪两个条件？

*3. 利用 Excel 环境计算乘积和 SP 时，求数组的乘积与求矩阵的乘积相比较，在操作方法上有什么差别（请参阅线性代数教材，熟悉矩阵运算的基本知识）？对该环境中以数组方法求算出来的平均数如何操作，才能使用菜单栏中的降序按钮实现从大到小的依次排序？

实训 18　双变量多项式回归分析

一、实训内容

涉及矩阵运算块操作，以电子表格中的插入函数为基础设计矩阵配置双变量多项式回归方程；演练多项式回归通过转化为多元线性回归的方式配置曲线方程的过程，熟悉多元回归分析和直线回归分析的联系和优势，体验高斯乘数在多项式回归方程的显著性检验中的重要性。

二、多项式回归方程配置的原理和方法

方法一：

先仿照直线回归分析的做法进行数据整理，直至算出 9 个二级数据，即 SS_1、SS_2、SS_y；SP_{12}、SP_{10}、SP_{20}；$\bar{x}_1\bar{x}_2$、$\bar{y}$。在此基础上构建 A 矩阵和 Z 矩阵，即 $A=\begin{bmatrix} SS_1 & SP_{12} \\ SP_{21} & SS_2 \end{bmatrix}$，$Z=\begin{bmatrix} SP_{10} \\ SP_{20} \end{bmatrix}$；且 $Ab=Z$，$b=A^{-1}Z$。

然后使用粘贴函数"MINVERSE""MMULT"完成 A 矩阵求逆和矩阵相乘等运算，将二次多项式回归的系数 b_1、b_2 以未知 b 矩阵的形式一次性解出，再以公式 $b_0=\bar{y}-b_1\bar{x}_1-b_2\bar{x}_2$ 算出常数项。

方法二：

先直接以 x、y 的原始数据构建 X 矩阵和 Y 矩阵，并调用粘贴函数"TRANSPOSE"将 X 矩阵转置，得到 X' 矩阵，即：

$$X=\begin{bmatrix} 1 & x_① & x_①^2 \\ 1 & x_② & x_②^2 \\ \vdots & \vdots & \vdots \\ \vdots & \vdots & \vdots \\ 1 & x_n & x_n^2 \end{bmatrix},\ Y=\begin{bmatrix} y_① \\ y_② \\ \vdots \\ \vdots \\ y_n \end{bmatrix};\ X'=\begin{bmatrix} 1 & 1 & \cdots & \cdots & 1 \\ x_① & x_② & \cdots & \cdots & x_n \\ x_①^2 & x_②^2 & \cdots & \cdots & x_n^2 \end{bmatrix}$$

然后使用粘贴函数"MMULT"将 X' 矩阵分别左乘 X 矩阵和 Y 矩阵，将所得 $X'X$ 和 $X'Y$ 分别视为方法一中的 A 矩阵和 Z 矩阵，通过矩阵求逆和矩阵相乘等运算，将包括常数项在内的二次多项式回归的系数 b_0、b_1、b_2 以未知 b 矩阵的形式全部解出。

三、试验资料及上机操作

[**例 18-1**] 根据表 18-1 重庆市种畜场奶牛群各月份 x 产犊母牛平均 305 d

产奶量 y（kg）的数据资料，进行一元二次多项式回归分析（明道绪，2021）。

表 18-1　奶牛群各月份 x 产犊母牛平均 305 d 产奶量 y（kg）

产犊月份 x	1	2	3	4	5	6
平均产奶量 y	3833.43	3811.58	3769.47	3565.74	3481.99	3372.82
产犊月份 x	7	8	9	10	11	12
平均产奶量 y	3476.76	3466.22	3395.42	3807.08	3817.03	3884.52

1. 多项式回归方程的配置

（1）使用原始数据构建矩阵进行块操作　如图 18-1 所示，将表 18-1 中 x、y 的原始数据分别录入 Excel 表格，构建 X 矩阵 A1：C12 和 Y 矩阵 E1：E12，调用函数"TRANSPOSE"将 X 矩阵转置，得到 X' 矩阵 A15：L17；再通过矩阵求逆和矩阵相乘等运算，将包括常数项在内的二次多项式回归的系数 b_0、b_1、b_2 以未知 b 矩阵的形式全部解出，操作步骤如下：

① 选定 G1：I3，调出函数"MMULT"，对话框两行依次填入左矩阵 A15：L17 值域和右矩阵 A1：C12 值域，同时按下 Ctrl＋Shift＋Enter。

② 选定 K1：K3，调出函数"MMULT"，对话框两行依次填入左矩阵 A15：L17 值域和右矩阵 E1：E12 值域，同时按下 Ctrl＋Shift＋Enter。

③ 选定 G5：I7，调出函数"MINVERSE"，对话框填入 G1：I3 值域，同时按下 Ctrl＋Shift＋Enter 得到逆矩阵。

④ 选定 K5：K7，调出函数"MMULT"，对话框两行依次填入左矩阵 G5：I7 值域和右矩阵 K1：K3 值域，使用 Ctrl＋Shift＋Enter 解出矩阵（图 18-1）。

（2）使用二级数据构建矩阵进行块操作　按照直线回归分析的做法进行数据整理，分别使用"DEVSQ""SUMPRODUCT""AVERAGE"算出 9 个二级数据，即 SS_1、SS_2、SS_y；SP_{12}、SP_{10}、SP_{20}；$\bar{x}_1$、$\bar{x}_2$、$\bar{y}$。然后构建 A 矩阵 G9：H10 和 Z 矩阵 J9：J10，参照上述步骤（3）（4）使用函数"MINVERSE""MMULT"完成 A 矩阵求逆和矩阵 $A^{-1}Z$ 相乘运算，即以未知矩阵 b 的形式将二次多项式回归系数一次性解出来，在 J12：J13 值域，即 $b_1 =$ "-204.94"、$b_2 =$ "15.79"；再以公式 $b_0 = \bar{y} - b_1\bar{x}_1 - b_2\bar{x}_2$ 算出常数项 $b_0 = 4117.20$。

2. 总回归关系的 F 检验

将 y 变量的总平方和 SS_y 分解成多项式回归 U 和离回归 Q 两部分，完成表 18-2。前者由 x 的各次分量项的引起，包括一次回归效应、二次回归效

				I7	▼		fx	{=MINVERSE(G1:I3)}			
	A	B	C	D	E	F	G	H	I	J	K	L
1	1	1	1		3833.43		12	78	650		43682.06	
2	1	2	4		3811.58		78	650	6084		283973.1	
3	1	3	9		3769.47		650	6084	60710		2387696	
4	1	4	16		3565.74							
5	1	5	25		3481.99		1.06818182	−0.3409091	0.022727		4117.201	
6	1	6	36		3372.82		−0.3409091	0.13361638	−0.00974		−204.937	
7	1	7	49		3476.76		0.02272727	−0.0097403	0.000749		15.7857	
8	1	8	64		3466.22							
9	1	9	81		3395.42		143	1859		39.67		
10	1	10	100		3807.08		1859	25501.6667		21584.36		
11	1	11	121		3817.03							
12	1	12	144		3884.52		0.13361638	−0.0097403		−204.937		
13		6.5	54.17		3640.172		−0.0097403	0.00074925		15.7857		
14												
15	1	1	1	1	1	1	1	1	1	1	1	1
16	1	2	3	4	5	6	7	8	9	10	11	12
17	1	4	9	16	25	36	49	64	81	100	121	144
18					双变量总回归及偏回归关系的F检验：							
19					变异源	DF	SS	s^2	F	P		
20					多项式回归	2	332,594.33	166,297.16	16.89	0.000898		
21					离回归	9	88,601.06	9,844.56				
22					总	11	421,195.39					
23					一次分量	1	314,325.54	314,325.50	31.93	0.0003134		
24					二次分量	1	332,583.32	332,583.30	33.78	0.0002555		

图 18-1　双变量数据多项式回归与相关分析过程和结果

应，具有自由度 $df = k = 2$；后者与 x 的不同无关，具有自由度 $df = n - (k+1)$，也就是误差效应。于是，$F = (U/k)/\{Q/[n-(k+1)]\}$ 和简单回归一样，可测验多项式回归关系的真实性，如图 18-1 的值域 E20：J22 所示。其中，编算式 "=J12*J9+J13*J10" 可得到 $U = b_1 SP_{10} + b_2 SP_{20}$，见图 18-1 中 G20 的值 "332594.33"。

表 18-2　总回归关系的方差分析

变异来源	DF	SS	MS	F	$F_{0.01}$
多项式回归	2	332594.33	（　　）	（　　）	（　　）
离回归	9	（　　）	（　　）		
总	11	421195.39			

3. 各分量偏回归关系的 F 检验

总回归效应极显著既然不能排除多项式方程中个别乃至若干个分量项不显

著的可能性，就有必要分别对各次分量项进行偏回归关系的 F 检验，如图 18-1 的值域 E23：J24 所示，完成表 18-3。这与多元线性回归中偏回归关系的假设测验相类似，需计算各次分量项的偏回归平方和 SS_{bi}，再由 $F = SS_{bi}/\{Q/[n-(k+1)]\}$ 测验第 i 次分量是否显著。且 $SS_{bi} = b_i^2/c_{(i+1)(j+1)}$（方法一）或 $SS_{bi} = b_i^2/c_{ij}$（方法二），各有 1 个自由度。其中，c_{ij} 或 $c_{(i+1)(j+1)}$ 指逆矩阵对角线上的元素，本例 c_{11} 或 $c_{22} = 0.1336$，在值域 H6 或 G12；c_{22} 或 $c_{33} = 0.00749$，在值域 I7 或 H13。可编算式"＝J12 * J12/G12"算得 $SS_{b1} =$ "314，325.54"，再编算式"＝J13 * J13/H13"算得 $SS_{b2} =$ "314，325.54"，如图 18-1 所示。

表 18-3　各分量偏回归关系的方差分析

变异来源	DF	SS	MS	F	$F_{0.01}$
一次分量	1	314325.54	（　　　）	（　　　）	（　　　）
二次分量	1	332583.32	（　　　）	（　　　）	
离回归	9	88601.06	（　　　）		
总	11	（　　　）			

四、作业与思考

1. 使用 Excel 分析工具中的"回归"模块直接完成本次实训资料的多项式回归分析。

2. 以光呼吸抑制剂亚硫酸氢钠的不同浓度溶液（x，100 mg/L）喷射沪选 19 水稻，2 h 后测定剑叶的光合强度 [y，$mgCO_2/(dm^2 \cdot h)$]，得结果于表 18-4。试配置光合强度依亚硫酸氢钠浓度的多项式回归方程（提示：三次多项式）并进行回归关系的显著性检验。

表 18-4　不同亚硫酸氢钠浓度溶液喷射沪选 19 水稻后剑叶的光合强度

x	0	1	2	3	4	5
y	19.10	23.05	23.33	21.33	20.05	19.35

实训 19 相关变量的通径分析

一、实训内容

借助 WPS 或者 Excel 电子表格，演练用原始数据计算出来的一级数据计算二级数据和三级数据的方法，以及用三级数据进行通径分析的过程；要求把握通径分析与多元回归及相关分析的联系和相对优势，体验高斯乘数在多变量统计分析中的重要性。

二、试验资料及上机操作

[例 19-1] 表 19-1 是云南省主要城市气象站监测的年均温度数据（彭明春和陈其新，2022），试完成下列通径分析步骤。

表 19-1 云南省主要城市气象站点年均温度

站点	海拔 (x_1, m)	经度 $(x_2, °)$	纬度 $(x_3, °)$	年均温 $(y, ℃)$	站点	海拔 (x_1, m)	经度 $(x_2, °)$	纬度 $(x_3, °)$	年均温 $(y, ℃)$
香格里拉	3276.1	99.7	27.83	5.4	楚雄	1772	101.55	25.04	15.6
昭通	1949.5	103.71	27.34	11.6	玉溪	1636.8	102.54	24.36	16.2
丽江	2393.2	100.24	26.88	11.7	临沧	1502.4	100.08	23.88	17.2
曲靖	1898.7	103.82	25.61	14.5	思茅	1302.1	100.97	22.78	17.8
昆明	1891.2	102.68	25.02	14.7	文山	1271.6	104.24	23.37	17.8
大理	1990.5	100.22	25.60	15.0	蒙自	1300.7	103.4	23.37	18.6
怒江	1804.9	98.85	25.86	15.1	德宏	913.8	98.59	24.44	19.5
保山	1653.5	99.16	25.13	15.5	景洪	552.7	100.79	22.01	21.9

（1）如表 19-2，计算 $2m+m(m-1)/2$ 个二级数据。

表 19-2 云南省主要城市气象站点 4 个相关监测指标的一级数据

观测值求和	观测值求平方和	x 和 y 求乘积和	x 之间求乘积和
$\sum y = 248.1$	$\sum y^2 = 4061.35$	$\sum x_1 y = 396306.86$	$\sum x_1 x_3 = 688325.24$
$\sum x_1 = 27109.7$	$\sum x_1^2 = 51617366.53$	$\sum x_2 y = 25134.41$	$\sum x_2 x_3 = 40357.37$
$\sum x_2 = 1620.54$	$\sum x_2^2 = 164187.71$	$\sum x_3 y = 6095.81$	$\sum x_1 x_2 = 2744338.41$
$\sum x_3 = 398.52$	$\sum x_3^2 = 9965.67$		$n=16$

（2）计算 4 个相关变量的两两相关系数，即 m $(m-1)/2$ 个三级数据。

三个自变量中仅 x_1、x_3 与因变量 y 存在显著的线性相关，即：$r_{10}=-0.9761^{**}$、$r_{30}=-0.9100^{**}$，故构建相关系数矩阵仅需利用三个两两相关系数，另一个是：$r_{13}=0.8733$。

*（3）计算各高斯乘数，即用高斯法求相关矩阵的逆矩阵。

【Excel 表格中基本步骤的操作方法提示】

通径分析过程内容较多，Excel 数据分析工具中无对应菜单可供调用。但其中的通径系数计算过程可以利用 Excel 中矩阵运算的插入函数以块操作的方式轻易实现，其他如计算间接通径系数、显著性检验等只需要在此基础上编写简单算式就可以完成，如图 19-1 所示。

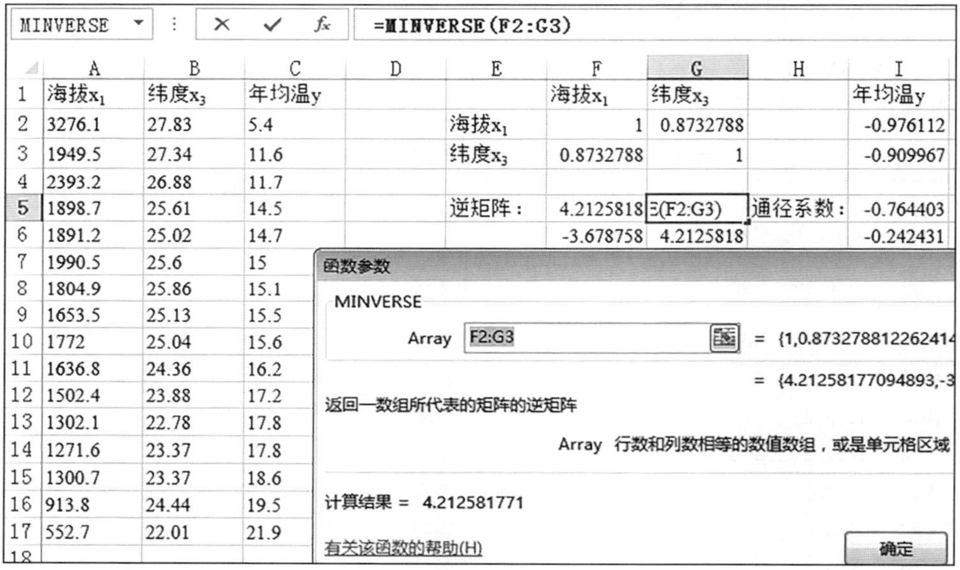

图 19-1　三个变量通径系数的计算过程和结果

（1）将若干个自变量 x_i 和因变量 y 的观测值逐列（或逐行）录入 Excel 数据表。

（2）调用函数"CORREL"计算所有变量间的两两相关系数，构建自变量 x_i 间的相关系数矩阵和自变量 x_i 与因变量 y 间的相关系数矩阵。

（3）调用函数"MINVERSE"对 x_i 间的相关系数矩阵求逆，再用函数"MMULT"将该逆矩阵左乘 x_i 和 y 的相关系数矩阵，所得积矩阵就包含各通径系数。

本例的通径分析过程和结果如图 19-1 所示。其中，F2：G3 值域为 x_i 间的相关系数矩阵，I2：I3 值域为 x_i 和 y 间的相关系数矩阵，F5：G6 值域为所求逆矩阵，I5：I6 为所求通径系数。

　　用 Excel 表格建立 x_i 间的相关系数矩阵时，调用函数"MINVERSE"算出其逆矩阵后，就可以用函数"MMULT"求得逆矩阵和原相关矩阵的乘积。验证结果等于单位矩阵 I，继续参照黎大志主编（2004）的《探索·评建·跨越——教育教学改革论文选编》及有关专著完成通径分析的以下步骤：

　　① 计算各通径系数，即用矩阵法求相关系数正规方程组的解；

　　② 线性关系的显著性检验；

　　③ 通径系数的显著性检验；

　　④ 画通径图（注意单箭头线、双箭头线的意义）；

　　⑤ 列表进行原因到结果的直接作用与间接作用分析；

　　⑥ 列表分析决定程度并检验其"对称性"。

三、作业与思考

　　1. Excel 程序窗口如何验证相关矩阵的逆矩阵是否正确？数组相乘和矩阵相乘在 Excel 程序窗口中都是块操作，如何区分？

　　2. 单箭头线和双箭头线在通径图中的意义和作用有何不同？各个自变量对因变量的贡献大小如何通过相关指数 R^2 来进行剖分？

参考文献
REFERENCES

盖均镒，2022. 试验统计方法［M］.5 版. 北京：中国农业出版社.

贵州农学院，1993. 生物统计附试验设计［M］.2 版. 北京：中国农业出版社.

侯必新，张美桃，李子辉，等，2006. 棕色彩棉叶片光合特性与氮肥调节效应［J］. 棉花学报（3）：184-185.

李春喜，姜丽娜，邵云，2016. 生物统计学［M］.2 版. 北京：科学出版社.

罗玉双，甘灵芝，李娜，等，2013. 三种消毒剂对草鱼柱状黄杆菌的抑菌效果及最优组方［C］//. 中国水产学会学术年会论文摘要集：1.

明道绪，刘永建，2021. 生物统计附试验设计［M］.6 版. 北京：中国农业出版社.

南京农业大学，1992. 田间试验和统计方法［M］.2 版. 北京：中国农业出版社.

黎大志，2004. 探索·评建·跨越——教育教学改革论文选编［M］. 湖南：湖南人民出版社.

彭明春，陈其新，2022. 生物统计学［M］.2 版. 武汉：华中科技大学出版社.

唐映红，李辉，刘良国，等，2023. 现代信息技术与生物统计学课程深度融合的研究与实践［J］. 安徽农学通报，29（18）：162-166.

王文龙，易雄，万海清，2007. 提高桂花种子发芽率的研究［J］. 北方园艺（6）：138-140.

万海清，2014. Excel 应用于方差分析的实训教学探究［J］. 农业网络信息（11）：128-132.

万海清，李艳萍，周国庆，2007. 方差分析通用程序的算法自检功能［J］. 计算机技术与发展（9）：129-132.

万海清，肖林，李子辉，2007. 经典试验数据分析的编程运行与监控［J］. 中国农学通报（9）：424-428.

万海清，卢华斌，周国庆，2004. 不规则地形表面积的测算方法应用［J］. 湖南文理学院学报（自然科学版）（4）：74-76，49.

万海清，彭友林，1998. 正交表在经典试验统计中的功用［J］. 湖南农业科学（4）：29-30，32.

万海清，肖先立，李子辉，1999. 统计控制在大豆浸种研究中的应用［J］. 常德师范学院学报（自然科学版）（4）：48-52.

万海清，张家瑜，段雅丽，2018. 随机数发生器在统计学案例式教学中的应用［J］. 农业网络信息（6）：128-135.

万海清，赵东海，2011. Excel 应用于显著性检验的实训过程探究［J］. 农业网络信息（6）：13-16.

附录
APPENDIX

附录一　Excel 统计过程常用函数一览表

函数名	功能简释	函数名	功能简释
ABS	求给定数值的绝对值	MIN	求一组数据的最小值
ASIN	求一个弧度的反正弦值	MINVERSE	矩阵格式的数组求逆矩阵
AVERAGE	求算术平均值	MMULT	矩阵格式的两数组求矩阵积
BINOM. DIST BINOMDIST	求一元二项式分布的概率	NORM. DIST NORMDIST	变量值求正态分布的左尾概率
CHIDIST	给定卡方值求右尾概率	NORM. INV NORMINV	给定左尾概率求正态分布的分位数
CHIINV CHISQ. INV	给定右尾/左尾概率求卡方分布的分位数	NORMSINV NORM. S. INV	给定左尾概率求标准分布的分位数
CHISQ. DIST	给定卡方值求左尾概率	NORM. S. DIST	正态离差值求标准分布的左尾概率
CHISQ. DIST. RT	给定卡方值求右尾概率	SLOPE	求线性回归拟合线方程的斜率
CHISQ. TEST	给定的统计次数和理论次数求右尾概率	SQRT	求给定数值的平方根
CONFIDENCE	求总体平均数置信区间	STDEV. P	计算给定总体的标准差
CORREL	求两组数据的相关系数	STDEV. S	估算给定样本的标准差

（续）

函数名	功能简释	函数名	功能简释
COUNT	计算包含数字的单元格数	STEYX	通过线性回归法计算纵坐标预测值所产生的标准误差
DEGREES	将弧度转换成角度	SUM	指定单元格区域所有数值求和
DEVSQ	求离均差的平方和	SUMSQ	求所有参数分别平方之后求和
F. DIST	两组数据所得 F 值求左尾概率	SUMPRODUCT	求相应数组或区域乘积的和
F. DIST. RT FDIST	两组数据所得 F 值求右尾概率	T. DIST TDIST	求 t 分布的左尾概率 求 t 分布的一尾或两尾概率
F. INV/FINV	给定左尾/右尾概率求 F 分布的分位数	TDIST. 2T	求 t 分布的两尾概率
FREQUENCY	求一组数据的频率分布	TDIST. RT	求 t 分布的右尾概率
F. TEST	求 F 检验的两尾概率	T. INV/TINV	给定左尾/两尾概率求 t 分布的分位数
INPERCEPT	求线性回归方程的截距	TRANSPOSE	转置单元格区域
LINEST	估算线性回归方程的一组参数	T. TEST	求 t 检验的概率值
LOG10	求给定数值以 10 为底的对数	VAR. P	计算给定总体的方差
MAX	求一组数据的最大值	VAR. S	估算给定样本的均方
MEDIAN	求一组数中的中点值	Z. TEST	求正态离差检验的单尾概率值

附录二　计算标准误的平方根定律和勾股定理

1. 给定一母总体 $\{2，4，6\}$，$N=3$，$\mu_0=4$，$\sigma_0^2=8/3$，以 $n=2$ 从中进行复置抽样，则由样本平均数和样本总和数构成的衍生总体分别为：$\{2，3，4，3，4，5，4，5，6\}$ $\{4，6，8，6，8，10，8，10，12\}$，如附图 1 和附表 1 两列观察值所示。试计算衍生总体的平均数 $\mu_{\bar{x}}$、$\mu_{\Sigma x}$ 和标准差 $\sigma_{\bar{x}}$、$\sigma_{\Sigma x}$，并验证其与母总体参数 μ_0 和 σ_0 的相互关系。

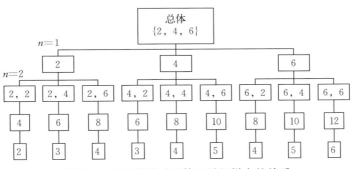

附图 1　复置抽样时总体和随机样本的关系

如附图 1 所示，将 N^n 即 9 个抽样平均数和抽样总和数构成的衍生总体观察值分别输入空白工作表之 A1：A9 和 B1：B9→选定 A10，调用函数 "AVERAGE"，算得 $\mu_{\bar{x}}=$ "4"，权柄复制到 B10，得 $\mu_{\Sigma x}=$ "8"→全选第 10 行，插入空行→仍选定 A10，调用函数 "VARP"，算得 $\sigma_{\bar{x}}^2=$ "1.33"，即 $4/3$，权柄复制到 B10，得 $\sigma_{\Sigma x}^2=$ "5.33"，即 $16/3$。将这两个衍生总体参数和母总体参数进行比较，其相互关系可以得到验证，也就是衍生总体参数通过复置抽样的样本容量 $n=2$ 和母总体参数联系起来，表达式为：

$$\mu_{\bar{x}}=\mu，\ \sigma_{\bar{x}}^2=\sigma_0^2/n；\ \mu_{\Sigma x}=n\mu，\ \sigma_{\Sigma x}^2=n\sigma_0^2$$

这是中心极限定理的内容之一，也可以根据附表 1 对衍生总体的数据进行整理后按另一个公式计算方差，其过程如附表 1 所示，归纳如下：

① 视 $\bar{x}$ 为变量（即 9 个 $\bar{x}$ 值）构成的衍生总体参数：

$$\mu_{\bar{x}}=\Sigma\bar{x}/N^n=36/9=4，\ \sigma_{\bar{x}}^2=(156-36^2/9)/9=4/3$$

② 视 Σx 为变量（即 9 个 Σx 值）构成的衍生总体参数：

$$\mu_{\Sigma x}=\Sigma(\Sigma x)/N^n=72/9=8，\ \sigma_{\Sigma x}^2=(624-72^2/9)/9=16/3$$

附表 1　单个母总体复置抽样的数据整理

观察值		$\bar{x}$	Σx	s^2	$\bar{x}^2$	$(\Sigma x)^2$
n_1	2					
2	2	2	4	0	4	16
2	4	3	6	2	9	36
2	6	4	8	8	16	64
4	2	3	6	2	9	36
4	4	4	8	0	16	64
4	6	5	10	2	25	100
6	2	4	8	8	16	64
6	4	5	10	2	25	100
6	6	6	12	0	36	144
合计		36	72	24	156	624

注：无偏估计值即 $\Sigma s^2 / N^n = 24/9 = 8/3 = \sigma_0^2$。

抽样分布就是以样本统计量如 $\bar{x}$、Σx、s^2 等为变量进行研究时的概率分布，本例可归纳出母总体变量以 x 表示时的抽样研究结论。

（1）由 N^n 个 $\bar{x}$ 值构成的衍生总体：$\bar{x} \sim N(\mu_{\bar{x}}, \sigma_{\bar{x}}^2)$，且有：

$$\mu_{\bar{x}} = \mu_0, \quad \sigma_{\bar{x}}^2 = \sigma_0^2/n \quad \text{并有 } u = (\bar{x} - \mu_{\bar{x}})/\sigma_{\bar{x}}$$

（2）由 N^n 个 Σx 值构成的衍生总体：$\Sigma x \sim N(\mu_{\Sigma x}, \sigma_{\Sigma x}^2)$，且有：

$$\mu_{\Sigma x} = n\mu_0, \quad \sigma_{\Sigma x}^2 = n\sigma_0^2 \quad \text{并有 } u = (\Sigma x - \mu_{\Sigma x})/\sigma_{\Sigma x}$$

（3）只有以自由度 $n-1$ 算得的 N^n 个样本方差 s^2 才是 σ_0^2 的无偏估计值（但 s 不是 σ_0 的无偏估计值！），详见附表 1 末注释。

（1）和（2）的表述表明抽样分布的类型仍是正态分布，其变量一个是 $\bar{x}$，另一个是 Σx，如果觉得这样的结论太难记，不妨抓住其最重要的内容，那就是两个衍生总体的标准差，简称总体标准误，分别记为 $\sigma_{\bar{x}}$ 和 $\sigma_{\Sigma x}$，其计算公式：$\sigma_{\bar{x}} = \sigma_0/\sqrt{n}$，$\sigma_{\Sigma x} = \sigma_0 \cdot \sqrt{n}$。

衍生总体标准差 $\sigma_{\bar{x}}$、$\sigma_{\Sigma x}$ 不能像求平均数那样用和样本相同的函数"STDEV"求出，而需调用另一个函数"STDEVP"才能算出来。

为什么会有这种差别？这是因为计算平均数时，总体和样本只有范围上的差别，公式形式一样，都属于算术平均数，所以，都可用函数"AVERAGE"算出来；而总体标准差 σ_0 和样本标准差 s 的计算公式有两处差别，分子、分母都不同，含义也大不一样。

在 $\sigma_{\bar{x}}=\sqrt{\Sigma(\bar{x}-\mu_{\bar{x}})^2/N^n}$ 中，因 $\mu_{\bar{x}}=\mu_0$，再令 $\bar{x}=x$，$N^n=N$，则公式还原为定义形式，于是可作如下比较：$\sigma=\sqrt{\Sigma(x-\mu)^2/N}\xrightarrow{\text{两处重要差别}}s=\sqrt{\Sigma(x-\bar{x})^2/(n-1)}$。

实际应用中计算总体标准差 σ_0 的情形几乎没有，绝大多数场合只是需要计算样本标准差 s，所以函数"STDEV"用得多，而"STDEVP"极少用。

只要把配对观察值的一个个差数视为单个样本的一个个观察值，那么，配对数据的显著性检验和实训 3 的单个样本平均数的显著性检验原理是相通的，用来进行 t 检验的标准误计算公式仿照单个母总体抽样模型得到的平方根定律。而非配对数据的两个样本平均数差异用来进行 t 检验的标准误计算方法则来源于就两个母总体的抽样平均数的差数 $\bar{x}_1-\bar{x}_2$ 进行的抽样研究结果，实际上也是中心极限定理内容之一。

2. 假定第一总体 $\{2，4，6\}$，$N_1=3$，$\mu_1=4$，$\sigma_1^2=8/3$；第二总体 $\{3，6\}$，$N_2=2$，$\mu_2=4.5$，$\sigma_2^2=9/4$。现从中分别以 $n_1=2$ 和 $n_2=3$ 进行复置抽样，如附图 2 所示，试研究 $\bar{x}_1-\bar{x}_2$ 的抽样分布。

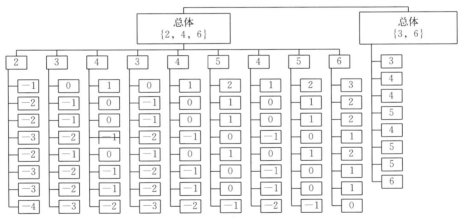

附图 2　复置抽样后差数 $\bar{x}_1-\bar{x}_2$ 构建的衍生总体与母总体的相互关系

如附图 2 所示，来自两个母总体的平均数之差数 $\bar{x}_1-\bar{x}_2$ 构成的衍生总体容量 $N_1^{n1}\times N_2^{n2}$ 等于 72，就是全部可能的差数，整理成次数分布如附表 2 所示，用加权法计算其参数如下：

$$\mu_{\bar{x}_1-\bar{x}_2}=\Sigma f\ (\bar{x}_1-\bar{x}_2)/\Sigma f=-36/72=\mu_{\bar{x}_1}-\mu_{\bar{x}_2}=\mu_1-\mu_2=-0.5$$
$$\sigma_{\bar{x}_1-\bar{x}_2}^2=\Sigma f\ (\bar{x}_1-\bar{x}_2+0.5)^2/\Sigma f=150/72=\sigma_{\bar{x}_1}^2+\sigma_{\bar{x}_2}^2$$
$$=\sigma_1^2/n_1+\sigma_2^2/n_2=8/3/2+9/4/3=25/12$$

附表 2　两个母总体复置抽样的数据整理

$\overline{x}_1-\overline{x}_2$	f	$f(\overline{x}_1-\overline{x}_2)$	e^2	$f \cdot e^2$
-4	1	-4	12.25	12.25
-3	5	-15	6.25	31.25
-2	12	-24	2.25	27.00
-1	18	-18	0.25	4.5
0	18	0	0.25	4.5
1	12	12	2.25	27.00
2	5	10	6.25	31.25
3	1	3	12.25	12.25
Σ	72	-36		150

注：$e=(\overline{x}_1-\overline{x}_2)-\mu_{\overline{x}_1-\overline{x}_2}=(\overline{x}_1-\overline{x}_2)-(\mu_1-\mu_2)$。

本例的复置抽样模型简记为：$\overline{x}_1-\overline{x}_2 \sim N(\mu_{\overline{x}_1-\overline{x}_2},\ \sigma^2_{\overline{x}_1-\overline{x}_2})$，于是有：

$$u=\frac{(\overline{x}_1-\overline{x}_2)-\mu_{\overline{x}_1-\overline{x}_2}}{\sigma_{\overline{x}_1-\overline{x}_2}}=\frac{(\overline{x}_1-\overline{x}_2)-(\mu_1-\mu_2)}{\sqrt{\sigma_1^2/n_1+\sigma_2^2/n_2}}$$

可见，来自两个母总体的抽样平均数的差数 $\overline{x}_1-\overline{x}_2$ 与其真值 $\mu_{\overline{x}_1-\overline{x}_2}$ 的误差，也是服从正态分布的随机变量，$\mu_{\overline{x}_1-\overline{x}_2}$ 就是该正态分布总体平均数，$\sigma^2_{\overline{x}_1-\overline{x}_2}$ 是该正态分布的总体方差。当两个母总体的参数已知时，同样可以转化为正态离差，并用标准分布求算概率。其中最重要的内容，就是该衍生总体的标准差 $\sigma_{\overline{x}_1-\overline{x}_2}$，称差数的总体标准误，计算公式为：

①
$$\sigma_{\overline{x}_1-\overline{x}_2}=\sqrt{\sigma_1^2/n_1+\sigma_2^2/n_2}$$

这就是总体方差已知时差数标准误计算的勾股定理。当 $\sigma_1^2=\sigma_2^2$ 时，该公式特殊化为：

②
$$\sigma_{\overline{x}_1-\overline{x}_2}=\sqrt{\sigma^2(1/n_1+1/n_2)}$$

因为实际应用中遇到的多为两个母总体参数 σ_1^2、σ_2^2 未知的情况，所以上述误差显然无法转化成正态离差 u，只有转化成另一个标准化离差 t 才能计算概率，即：

③
$$t=\frac{(\overline{x}_1-\overline{x}_2)-\mu_{\overline{x}_1-\overline{x}_2}}{S_{\overline{x}_1-\overline{x}_2}}$$

其中，$s_{\overline{x}_1-\overline{x}_2}$ 为差数的样本标准误，由两个样本的均方 s_1^2、s_2^2 算出，并且计算公式有两个，需要根据 F 检验结果确定该选择下列公式④或公式⑤计算差数的样本标准误 $s_{\overline{x}_1-\overline{x}_2}$，虽然都和上述①的勾股定理类似，但不能从衍生总体的角度去理解。

④
$$s_{\bar{x}_1 - \bar{x}_2} = \sqrt{s_e^2 (1/n_1 + 1/n_2)}$$

计算值 $F <$ 查表值 $F_{0.05}$，Excel 加载的"数据分析"软件中这种 t 检验路径被称之为"双样本等方差假设"。参见实训 5 例 5 - 1。

其中
$$s_e^2 = \frac{SS_1 + SS_2}{n_1 + n_2 - 2} = \frac{\nu_1 s_1^2 + \nu_2 s_2^2}{\nu_1 + \nu_2}$$

⑤
$$s_{\bar{x}_1 - \bar{x}_2} = \sqrt{s_1^2/n_1 + s_2^2/n_2}$$

计算值 $F >$ 查表值 $F_{0.05}$，Excel 加载"数据分析"软件中这种 t 检验路径被称之为"双样本异方差假设"。参见实训 6 例 6 - 2。

需按倒数方程 $\dfrac{1}{\nu} = \dfrac{k^2}{\nu_1} + \dfrac{(1-k)^2}{\nu_2}$ 算修正自由度 ν'。其中，$k = \dfrac{s_1^2/n_1}{s_1^2/n_1 + s_2^2/n_2}$。

图书在版编目（CIP）数据

试验统计电子表格操作实训指导 / 唐映红，万海清
主编 . —北京：中国农业出版社，2024.6
ISBN 978 - 7 - 109 - 32021 - 5

Ⅰ.①试⋯　Ⅱ.①唐⋯ ②万⋯　Ⅲ.①田间试验—统
计方法—高等学校—教材　Ⅳ.①S3 - 33

中国国家版本馆 CIP 数据核字（2024）第 111653 号

———————————————————————

中国农业出版社出版
地址：北京市朝阳区麦子店街 18 号楼
邮编：100125
责任编辑：周锦玉
版式设计：王　晨　　责任校对：张雯婷
印刷：北京通州皇家印刷厂
版次：2024 年 6 月第 1 版
印次：2024 年 6 月北京第 1 次印刷
发行：新华书店北京发行所
开本：700mm×1000mm　1/16
印张：11.5
字数：218 千字
定价：48.00 元

———————————————————————